「知らなかった」では済まされない！

アスベスト調査の新常識

株式会社都分析
代表取締役
福田 賢司

はじめに

アスベストは、日本語で石綿（いしわた、せきめん）とも呼ばれる繊維状の鉱物です。その利用の歴史は古く、古代エジプトではミイラを包む布として、また、古代ローマではランプの芯として使われていたと言われています。19世紀後半には蒸気機関の断熱材や保湿材として使用され、20世紀以降は、紡織製品、建築材料、ブレーキランニング材など、さまざまな工業製品に利用されるようになりました。

日本でも戦前から工業製品に利用されていましたが、１９５０～７０年代の高度成長期に入ると、建築資材を中心に盛んに用いられるようになりました。アスベストには、紡織性（布状に加工しやすい）、高抗張性（引っ張りに強い）、不燃性・耐熱性（燃えにくい）、耐摩耗性（摩擦に強い）、耐薬品性、耐腐食性、絶縁性といった優れた特性があり、また、素材として安価であり、加工もしやすかったためです。「魔法の鉱物」と呼ばれ、ピーク時には年間約35万トンが海外から輸入されていました（一部国産もあり）。

しかし、アスベストの利用が世界的に広まっていくなかで、人体と環境への有害性が次第に明らかになってきました。日本よりも先にアスベストの利用が広まっていた英国など、海外からアスベストによる健康被害の報告が相次ぐようになったのです。そして日本でも１９７５（昭和50）年に、石綿を５％を超えて含有する吹付け作業が原則禁止になるなど、規制が強化されるようになりました。

しかし、この頃はまだアスベストによるじん肺などの健康被害は労働者だけの問題と捉えられていて、労働環境を改善すれば、それらの健康被害も防げると考えられていたようです。そのため、条件付きの禁止に留まっていたのですが、その後、アスベストの影響は社会問題にまで発展していきます。

１９８７（昭和62）年には、学校の教室の天井などに吸音のために吹付けアスベストが使用されていることがわかり、全国の学校がパニックに陥りました。また、1995（平成7）年の阪神淡路大震災では、アスベストを含む建材を使用した建物が大量に被災し、適切に処理されないケースが多発し、問題となりました。そして、2005（平成17）年にアスベストの危険性が世の中に衝撃を与えるニュースとして報じられます。過去にアスベストを含む製品を製造していた工場周辺の住民の中から、多数の中皮腫患者が出ていることがわかったのです。このニュースによって、労働者に限らず、一般の人にも健康被害が及ぶことが明らかになり、国はアスベストの使用を全面的に禁止する方針をとります。そして現在は、アスベストを用いた製品の製造や輸入、譲渡、提供、新たな使用は完全禁止の状態になりました。

このように規制が進んだ結果、現在の日本ではアスベストを用いた新しい製品や建物がつくられることはなくなりました。しかし、アスベストに関する問題が解決したわけではありません。むしろ、アスベストの問題はこれからがピークを迎えると言っても決して過言ではありません。それには主に二つの理由があります。

一つは、アスベストによる健康被害の潜伏期間がとても長いということです。アスベストを原因とする病気は、アスベストの繊維を吸入（曝露といいます）してから、数十年後に発症する場合が多いと言われています。つまり、アスベストがたくさん使われていた高度成長期から数十年を経たこれからが、健康被害が本格的に表面化する時期になるということです。

もう一つの理由は、建物の解体需要です。高度成長期につくられた建物は、これから建て替えや解体のピークを迎えます。アスベストを用いた建材などが使われている建物は、一般の住宅も含め、多数存在しています。ですから、解体に当たっては、アスベストが用いられているかどうかを事前に調査し、それをもとにした適切な対処を行いながら作業を進める必要があります。後ほど説明しますが、既存の建物のアスベストが新たな被害を生むことがないように、国も規制をより強化しています。アスベストは決して過去の問題ではなく、現在も、そしてこれからも対応していかなくてはならない問題なのです。

本書は、建設会社、工務店、解体、内装、塗装、電気設備、配管などアスベストとその調査に関わりのある事業者の方々に向けて、アスベスト調査に関する正しい情報とその活用法をわかりやすく解説したものです。アスベストに関わる人たちは、しっかりと対処をしなければ、みなさん自身の健康に害があるだけでなく、建物の所有者、利用者や周辺住民にも悪影響を及ぼしかねない重大な責任を負っています。知らなかった、では決して済まされないのです。

逆に言えば、しっかりとしたアスベスト調査を行い、その結果をもとに適切に対処することで、みなさん自身がアスベストという社会が抱える大きな問題の解決を進めることができる、ということでもあります。アスベストに関わる私たちの仕事は、決して目立つものではありませんが、社会の安心安全のために絶対に必要な仕事です。本書の内容が、みなさんの誇りあるお仕事に少しでも役立つことができれば幸いです。

第一章

なぜアスベスト調査が必要なのか

アスベストの人体と環境への危険性

建築関係の仕事に関わる人であれば、アスベストが有害であることを知っている人も多いと思います。しかし、それがなぜ有害なのか、どれほどの被害をもたらすのかについては、はっきり知らない人もいるでしょう。そこで、アスベスト調査の話に進む前に、アスベストの有害性についてもう少し詳しくお伝えしましょう。

アスベストとは、2つの鉱物系に属する主に6種類の鉱物を指します。蛇紋石族のクリソタイル（白石綿）と、角閃石族のアモサイト（茶石綿）、クロシドライト（青石綿）、トレモライト・アスベスト、アクチノライト・アスベスト、アンソフィライト・アスベストの6つです。いずれも、岩石が地殻の中で水や熱、圧力の影響を受けて、繊維のような形になったものです。石綿という名前の通り、鉱物でありながら手でほぐすことができるほど柔らかく、加工しやすいのが特徴です。

この柔らかさはアスベストの繊維がとても細いことによるものですが、この繊維の細さが人体に害を与えることにつながります。通常、アスベストは繊維の束ですが、その繊維をほぐしていくとどんどん細かくなり、最終的には

1本が最も細いもので0・02マイクロメートルという細さになります。よく聞く「PM2・5」とは、大気中を浮遊する大きさ2・5マイクロメートル以下の汚染物質のことですが、そのPM2・5の125分の1の大きさというわけですから、いかに小さいかがわかると思います。この大きさは顕微鏡でないと見えませんし、もちろん、花粉用のマスクなどでは侵入を防げません。

もし適切な処置なしで、アスベストが使われた建物を解体したり、アスベストを含む建材を切断したりすれば、アスベストが飛散し、その目に見えない繊維が空気中を漂うことになります。小さなものほど空気中に滞留する時間が長くなりますから、解体や切断などが終わった後も、その周辺の空気にはアスベストの繊維が漂い続けます。また、いったん床に落ちた繊維は、風や人の動きによって巻き上げられて再飛散し、さらに小さな繊維へと分割されていきます。このように、適切な処置をしなければ、アスベストが周辺の環境も汚染していくことになります。

この微細な繊維を吸い込むことで、じん肺の一種である石綿肺や、肺がん、中皮腫といった疾患の発症につながることがわかっています。発症の詳しいメカニズムはまだ完全に解明されていませんが、たとえば肺がんの場合は、肺の中に入ったアスベスト繊維が発がん性物質を吸着することで発症を助長するという仮説が有力と言われています。中皮腫の場合は、肺に入ったアスベスト繊維が胸腹膜に到達・沈着し、それによって発生した活性酸素によってDNAが損傷することで、がん化が進むという説が有力だと言われています。

労働安全衛生関係法令における化学物質管理の体系

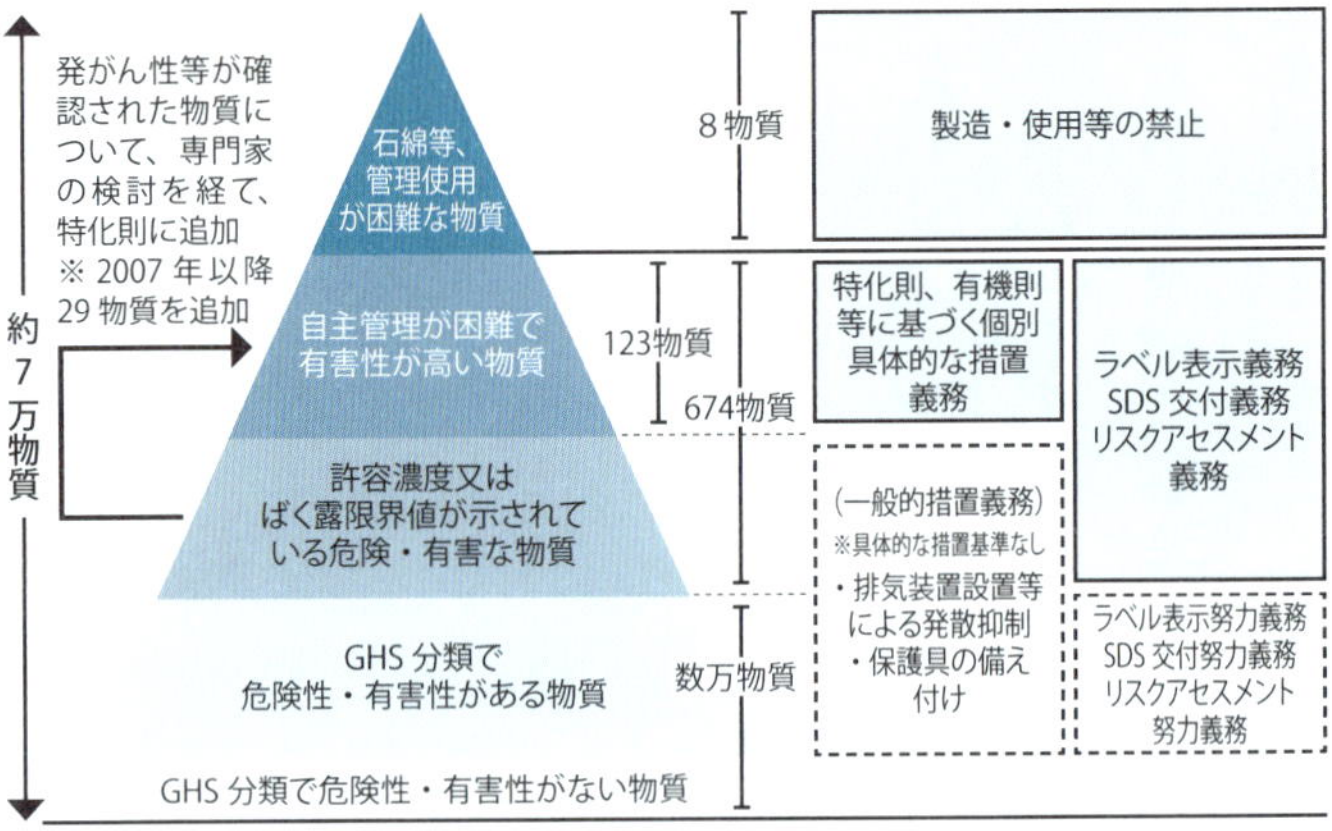

出典:厚生労働省「新たな化学物質管理」(令和4年2月)

労働安全衛生関係法令では、「石綿等管理使用が困難な物質」として、アスベストを含む8物質について「製造・使用等の禁止」を定めています。人体に有害な化学物質は数万以上存在すると言われていますが、その中で、法律で具体的な名称を上げて禁止が定められていることからも、アスベストの有害性の高さがわかっていただけると思います。

健康被害の増加はデータからも予測されている

日本では１９５０～７０年代の高度成長期にアスベストの利用がピークだったことをお伝えしました。海外ではそれ以前からアスベストの利用が進んでおり、英国もその一つです。そのため、英国ではアスベストの被害が日本よりも約20年早く顕在化しています。ということは、英国の現在までのデータを見れば、日本の今後20年のアスベスト被害の動向が予測できるということになります。

石綿輸入量と中皮腫死亡者数の推移

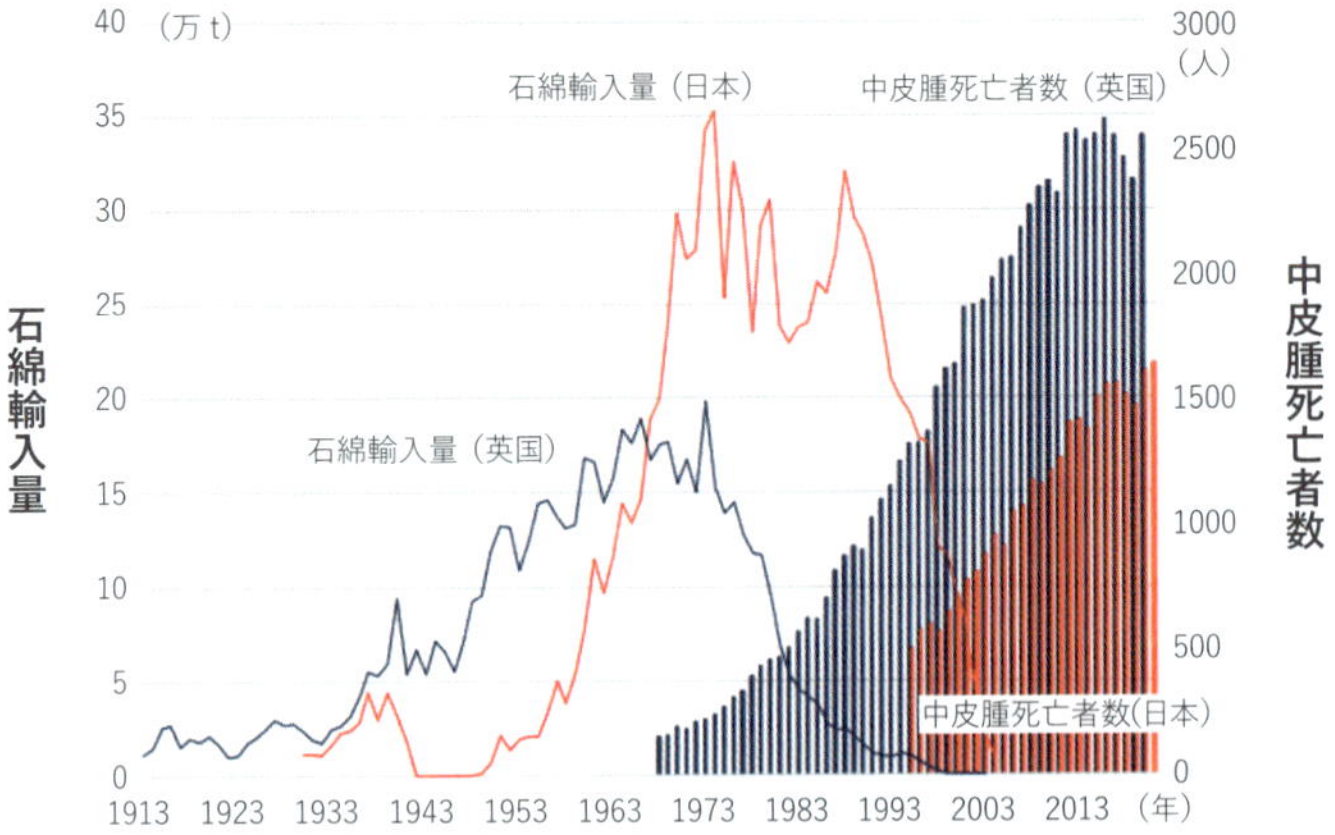

日本:財務省「アスベスト輸入量財務省貿易統計」　英国:「中皮腫死亡数政府統計資料meso01」より作成

上のグラフは、英国と日本の石綿輸入量と、この二つの国の中皮腫による死亡患者数のデータを重ねたものです。

輸入量と死亡患者数のグラフが、数十年の時間をおいて並行して増えているのがわかります。アスベストの影響が顕在化するまでには、これぐらいの間隔があるのです。アスベストが「静かな時限爆弾」という異名で呼ばれるゆえんです。

近年の中皮腫の死亡患者数は日本で年1500人程度、英国で年2500人弱ですが、日本は英国の約1・6倍ものアスベストを輸入していましたから、日本の中皮腫の死亡患者数は今後も増加し、年間3000人を超えることが予測されています。大変痛ましいことですが、それがデータをもとに冷静に予測し得る未来なのです。

アスベストに対する規制、法整備の流れ

ここで、日本におけるアスベストに対する規制の歴史を振り返ってみましょう。次に日本のアスベスト規制で特に重要な点を表にまとめています。

既にお伝えしたように、アスベストの被害は顕在化までに数十年を要します。このことから、国内外での被害が明らかになるにつれて、製造や使用に対しての規制が強化されてきました。

1975（昭和50）年に、特定化学物質等障害予防規則（特化則）が改正され、石綿を5%を超えて含有する吹付け作業が原則禁止になりました。また環境面からの規制も進み、1989（平成元）年の大気汚染防止法（大防法）の改正では、製造工場に対する規制の強化が盛り込まれました。

その後も段階的に規制の強化が進められ、2005（平成17）年には、特定化学物質等障害予防規則（特化則）からアスベストの規制を独立させる形で石綿障害予防規則（石綿則）が制定されました。これにより、吹付けアスベストだけでなく、成形板も含めたアスベスト含有建材の除去作業についての基準が定められました。

そして2006（平成18）年には労働安全衛生法施行令が改正され、アスベストの新たな使用が原則禁止となっています。この改正の施行は9月1日でしたから、これ以降に着工した建物には、アスベストは原則的に使われていない、という形になりました。逆に言えば、この日以前に着工した建物にはアスベストが使われている可能性があり、解体などの際にはより詳しい調査が必要になります。詳細は後ほど説明しますが、「2006(平成18)年9月1日」は、アスベスト調査において重要な日付ですので、ぜひ覚えておいてください。

そして、現在のアスベスト調査に関わる大きな法規の変更が2020(令和2)年に行われました。石綿障害予防規則(石綿則)と、大気汚染防止法(大防法)の改正です。これにより、建築物の解体工事等に伴うアスベストの事前調査や解体工事等について、ルールが厳密化され、記録や報告が求められるようになっています。

これまでのアスベスト(石綿)規制の重要点

1975(昭和50)年	特定化学物質等障害予防規則(特化則)が改正され、石綿を5%を超えて含有する吹付け作業を原則禁止
1989(平成元)年	大気汚染防止法(大防法)が改正され、製造工場に対する規制を強化
1995(平成7)年	石綿を1%を超えて含有する吹付け作業を原則禁止。アモサイト(茶石綿)、クロシドライト(青石綿)を1%を超えて含有するすべての物の新たな製造、使用、輸入などが禁止
2004(平成16)年	石綿を1%を超えて含有する主な建材、摩擦材および接着剤等、10品目の新たな製造、輸入などが禁止

2005（平成17）年	石綿障害予防規則（石綿則）が制定され、石綿の安全な取り扱いと障害予防の基準が定められる。石綿を1％を超えて含有する吹付け作業を完全に禁止
2006（平成18）年9月1日より	石綿を0.1％を超えて含有するすべての物の製造、輸入、譲渡、提供、新たな使用が禁止（一部については、例外として禁止猶予）
2008（平成20）年	基安化発第0206003号 （2月6日付けの通達により）分析調査においては、対象をクリソタイル等の石綿に限定することなく、トレモライト等を含むすべての種類の石綿とすること
2012（平成24）年	石綿を0.1％を超えて含有するすべての物の製造、輸入、譲渡、提供、新たな使用が完全に禁止（猶予措置撤廃）※石綿のうち石綿分析用試料などについては禁止の対象外
2013（平成25）年	届出義務者を発注者に変更、解体工事の事前調査及び説明の義務化

2020（令和2）年	大防法の改正により、すべての建材への規制拡大及び作業基準の適用。事前調査方法の法定化・資格者による事前調査の実施や、記録の保存及び都道府県等への報告の義務付け。取り残し等の確認及び記録の保存の義務化。直接罰の創設など 石綿則の改正により、事前調査及び分析調査を行う者の要件を新設。計画届の対象拡大。事前調査の届出制度の新設。作業計画に基づく記録・保存の義務化など
2023（令和5）年	「工作物石綿事前調査者」の講習規程を新設

アスベストに関係する法規制の概要

アスベストは、建築、環境、健康にも重大な影響を及ぼすものですから、それを規制するルールも、複数の省庁が関係する複雑なものになっています。

次にアスベストに関わる法規とその概要をまとめました。

石綿関連の法規の概要

法規	所管	規制内容	主な目的
労働安全衛生法 石綿障害予防規則	厚生労働省	新規の輸入、使用、販売などの禁止 石綿含有製品の取扱い時の規制 石綿含有建材の除去時の対策の規制	労働者保護を目的とした事業者への規制
大気汚染防止法	環境省	特定建築材料（アスベスト含有建材）の除去時の対策などの規制	周辺住民保護を目的とした除去工事の発注者および事業者への規制
廃棄物の処理及び清掃に関する法律	環境省	廃石綿等および石綿含有産業廃棄物の廃棄についての規制	公衆衛生の向上を目的とした廃棄物の排出者および処理業者への規制
建築基準法	国土交通省	増改築時の除去等の義務 石綿飛散のおそれのある場合の勧告・命令	建物利用者の保護を目的とした建物所有者、管理者又は占有者への規制
建設工事に係る資材の再資源化等に関する法律（建設リサイクル法）	国土交通省	付着物の除去 特定建設資材の分別解体	建築材料の分別解体とリサイクルを目的とした事業者への規制
宅地建物取引業法	国土交通省	宅地建物の売買時の重要事項の説明	購入者等の利益の保護
住宅の品質確保の促進等に関する法律	国土交通省 消費者庁	日本住宅性能表示基準による表示	住宅購入者等の利益の保護

石綿障害予防規則と大気汚染防止法の改正のポイント

お伝えしたように、２０２０（令和２）年に石綿障害予防規則（石綿則）と大気汚染防止法（大防法）の改正が行われました。これによって、アスベストの調査や手続きについても、より厳密なルールが適用されることになりました。

この改正のポイントについてお伝えします。

【2020年改正のポイント】

①規制対象建材を拡大
②事前調査の信頼性の確保
③監督官庁等への報告、届出
④調査結果の保存と工事現場での備え付け、掲示
⑤作業記録の作成、完了後の確認、報告
⑥罰則の強化、対象の拡大

それぞれについて説明していきましょう。

①規制対象建材を拡大

◆すべての石綿含有建材が規制の対象に

石綿含有建材は、飛散の危険性の高さによって、レベル1～3の各段階に分けられています。吹付け石綿は最も飛散の可能性が高いレベル1、ダクトなどに使われている石綿含有断熱材や保温材、耐火被覆材はレベル2になります。それ以外の、成形板などのその他の石綿含有建材はレベル3に該当します。

以前はレベル3の「石綿含有成形板等」については規制に含まれていませんでした。しかし、これを不適切な形で処理してアスベストが飛散してしまった事例が見られたことから、この石綿含有成形板等を含むすべての石綿含有建材が規制の対象になりました。

②事前調査の信頼性の確保

◆工事対象となるすべての部材について事前調査が必要

押さえておかなくてはならないのは、建物の大きさや年数などに関わらず、解体などの工事を行う際には必ず事前調査が必要だということです。普通の戸建て住宅だから、新しい建物だから、といった理由で事前調査をしなくていいということにはなりません。

◆事前調査は設計図書などの文書および目視による調査が必要

事前調査は文書と目視で行いますが、着工日が２００６（平成18）年９月１日以降であると文書で確認できる場合は原則的にアスベストを含む部材が使われていませんから、目視の調査は必要ありません。また、過去に行われた事前調査（２００８年2月6日以降に分析結果が出たものに限る）に相当する調査の結果が確認できる場合も、目視の必要はありません。

「目視」とは、単に目で見て判断するという意味ではなく、現地で部材の製品情報などを確認することを言います。その製品情報をもとに、メーカーによる証明や成分情報などを照会し、アスベストが含まれていないと確認ができれば「含有なし」と判断することができます。また、その製品が

2006（平成18）年9月1日以降に製造されたものであると確認できた場合も「含有なし」と判断できます。

もし、目視による調査が必要な部材が目視できない状態の場合は、目視が可能になった時点で調査をする必要があります。

◆事前調査で石綿の使用の有無が明らかにならなかった場合は、分析による調査の実施が必要

事前調査で石綿の使用の有無が不明だった場合は、サンプルを採取・分析して石綿の有無を調べる必要があります。もしくは、石綿が使用されているものとみなして（みなし含有）、曝露防止措置を講じて作業を進めるという形を取ります。

ただし、次に該当する場合はアスベストの飛散のリスクがないと判断できるため、調査は不要です。

・木材、金属、石、ガラス、畳、電球などの石綿が含まれていないことが明らかなものの工事で、切断等、除去または取り外し時に周囲の材料を損傷させるおそれのない作業
・工事対象に極めて軽微な損傷しか及ぼさない作業
・現存する材料等の除去は行わず、新たな材料を追加するのみの作業
・石綿が使用されていないことが確認されている特定の工作物の解体・改

修の作業

◆事前調査や分析調査は、要件を満たす者が実施

事前調査および分析調査の正確性、信頼性を確保するために、それぞれ必要な知識を有する者に実施させることが義務付けられました。

◇建築物の事前調査を実施できる者

・特定建築物石綿含有建材調査者
・一般建築物石綿含有建材調査者
・一戸建て等石綿含有建材調査者

これらに加えて「2023（令和5）年9月30日までに日本アスベスト調査診断協会に登録された者」も事前調査の資格を有すると認められています。

石綿含有建材の種類が多岐にわたる大規模建築物や、改修を繰り返して石綿含有材料の特定が難しい建築物は、特定調査者や一定の実地経験を積んだ一般調査者に依頼することが推奨されています。なお、一戸建て等石綿含有建材調査者の場合は、事前調査できるのが一戸建て住宅と、共同住宅の内部に限定されます。

◇建築物の分析調査を実施できる者

・厚生労働大臣が定める分析調査者講習を受講し、修了考査に合格した者

・公益社団法人日本作業環境測定協会が実施する「石綿分析技術評価事業」により認定されるＡランク若しくはＢランクの認定分析技術者又は定性分析に係る合格者

・一般社団法人日本環境測定分析協会が実施する「アスベスト偏光顕微鏡実技研修（建材定性分析エキスパートコース）」の修了者

・一般社団法人日本環境測定分析協会に登録されている「建材中のアスベスト定性分析技能試験（技術者対象）」合格者

・一般社団法人日本環境測定分析協会に登録されている「アスベスト分析法委員会認定ＪＥＭＣＡインストラクター」

・一般社団法人日本繊維状物質研究協会が実施する「石綿の分析精度確保に係るクロスチェック事業」により認定される「建築物及び工作物等の

建材中の石綿含有の有無及び程度を判定する分析技術」の合格者

いずれも専門的な教育と実際の分析経験を積まなければ取得することが難しい資格です。事前調査、分析調査ともに、しっかりとした知識と技術を持つ専門家が担当する必要性が明確になりました。

③監督官庁等への報告、届出

◆事前調査の結果は、作業開始前に書面で元請業者等から発注者に説明が必要

石綿含有の有無に関わらず、元請業者等は、事前調査の結果を作業の開始前に発注者に書面で説明することが義務付けられています。なお、石綿含有

建築材料が使用されている建築物、工作物を解体、改造または改修する作業を「特定粉じん排出等作業」と言い、そのうち、石綿を多量に飛散させる可能性のある、吹付け石綿、石綿含有保温材、断熱材・耐火被覆材の除去の封じ込めや囲い込みを行う工事は「届出対象特定工事」とされ、この場合は、工事着手の14日前までに届出が必要です。

◆一定規模以上の工事を行う場合は、石綿の有無に関わらず、事前調査の結果を元請業者が都道府県等と労働基準監督署に報告が必要

「一定規模以上の工事」とは、次に該当する工事です。

・解体部分の床面積が80㎡以上の建築物の解体工事

・請負金額の合計額が100万円以上（消費税を含む）の建築物の改修工事

・請負金額の合計額が１００万円以上（消費税を含む）の工作物の解体、改修工事

「建築物の解体工事」とは、建築物の壁、柱および床を同時に撤去する工事を指します。また、「建築物の改修工事」とは、建築物に現存する材料に何らかの変更を加える工事で、解体工事以外のものを指します。「工作物」とは建築物に付帯する設備のことで、ボイラーや配管設備、焼却設備、煙突、貯蔵設備、発電・変電設備などを指します。金額には事前調査の費用は含まれず、消費税は含まれる、という点に注意が必要です。

報告は電子システムを利用して行います。その際、複数の事業者が同一の

工事を請け負っている場合は、元請業者が、その他の請負業者に関する内容も含めて報告する必要があります。

繰り返しになりますが、解体、改修等の作業を行う場合は、規模に関わらず事前調査が必要です。そのうえで、一定規模以上の工事の場合は報告義務が生じる、ということをご理解ください。報告の義務がないから事前調査をしなくていい、ということにはなりません。

◆特定粉じん排出等作業の届出は、発注者または自主施工者が行う

特定粉じん排出等作業のうちの「届出対象特定工事」（前出）を行う場合は、発注者（もしくは自主施工者※）が届出をする義務があります。また、届出対象工事に当たらない場合でも、作業計画を作成し、それを元に作業を行う必要があります。

※自ら施工を行う個人

④調査結果の保存と工事現場での備え付け、掲示

◆調査結果の記録は3年間の保存が必要

事前調査に関する記録を作成し、工事の終了後3年間保存する必要があります。

◆調査結果の写しを工事現場に備え付け、概要を見やすい箇所に掲示

備え付けの方法は指定されていませんが、工事を施工する者や都道府県等による立入検査の際に確認できるように、電子データもしくは紙媒体で備え置く形になります。

⑤作業記録の作成、完了後の確認、報告

◆作業記録の作成、保存を義務付け

特定工事の元請業者または下請負人は、特定工事の施工の分担関係に応じて、特定粉じん排出等作業の実施状況の記録を作成し、特定工事が終了するまでの間、保存する必要があります。また、元請業者は、下請負人が作成

した記録により、作業が計画に基づき適切に行われているかを確認し、記録を作成する必要があります。

◆「必要な知識を有する者」による取り残しの有無等の確認を義務付け

取り残しがあり、石綿が排出・飛散することがないように確認することが作業基準に位置付けられました。「必要な知識を有する者」とは、石綿作業主任者および、P37の「建築物の事前調査を実施できる者」を指します。

◆作業結果の発注者への報告を義務付け

特定工事の元請業者は、特定粉じん排出等作業が完了した際に、結果を発注者に書面で報告する必要があります。また自主施工者も作業記録の作成と保存が必要です。

⑥罰則の強化・対象の拡大

◆隔離等をせずに吹付け石綿等の除去作業を行った場合等の直接罰の創設

吹付け石綿および石綿含有耐火被覆材等を除去する作業を、行わなければならない措置や方法で実施しなかった場合、3月以下の懲役または30万円以下の罰金が適用されます。

◆下請負人も罰則の対象に

特定工事の元請業者および自主施工者に加えて、下請負人も罰則の対象になりました。除去等の方法の義務違反があった場合、3月以下の懲役または30万円以下の罰金、作業基準適合命令違反があった場合は、6月以下の懲役または50万円以下の罰金が科されます。

また、罰則はないものの、下請負人には作業基準の遵守義務が課され、自治体が行う報告徴収および立ち入り検査の対象になります。このため、特定工事の元請業者は、作業を行わせる下請負人に対して、特定粉じん排出等作業の方法などについて事前に説明する必要があります。

「工作物石綿事前調査者」制度の創設

2023（令和5）年に、「建築物石綿含有建材調査者講習等登録規程」の一部が改正され、新たに「工作物石綿事前調査者」という資格が創設されることになりました。アスベストの多くは建築物に利用されてきたわけですが、同時に、工作物にも長い間使われてきました。その工作物の種類によって、アスベストの使用目的や含有資材は多岐にわたります。事前調査を行うには、工作物とそこに使われているアスベストに関する専門性が要求されるため、必要な知識を定め、それを習得した人物が工作物の事前調査を行うという仕組みを定めたのです。具体的には、厚生労働大臣の登録を受けた「工作物石綿事前調査者講習」を受講し、筆記試験による修了考査に合格することでこの資格が与えられます。2026（令和8）年1月には石綿障害予防規則（石綿則）と大気汚染防止法（大防法）の一部が改正され、工作物の事前調査は、この「工作物石綿事前調査者」または「これらの者と同等以上の能力を有すると認められる者」が行うことが義務化されます。

工作物の種類

ひと言で「工作物」といっても、ボイラーや発電設備、貯蔵設備など、さまざまな種類があります。また、建築物と一体化しているものもあり、事前調査を建築物石綿含有建材調査者が行うべきか、工作物石綿事前調査者が行うべきか、わかりづらい場合があります。そうした状況に対応するため、工作物を分類し、その事前調査に必要な資格が示されています（P52表）。

工作物の分類

区分	対象工作物	事前調査の資格
特定工作物告示（令和２年厚生労働省告示第278号）に掲げる工作物 （石綿使用のおそれが高いものとして厚生労働大臣が定めるものであり、事前調査結果の報告対象となる工作物）	【建築物とは構造や石綿含有材料が異なり、調査にあたり当該工作物に係る知識を必要とする工作物】 ○炉設備（反応槽、加熱炉、ボイラー・圧力容器、焼却設備） ○電気設備（発電設備、配電設備、変電設備、送電設備） ○配管及び貯蔵設備（炉設備等と連結して使用される高圧配管、下水管、農業用パイプライン及び貯蔵設備）※上水道管は除く 【注】建築設備（建築物に設けるガス若しくは電気の供給、給水、排水、換気、暖房、冷房、排煙又は汚水処理の設備等に該当するものは工作物ではなく、建築物の一部。	工作物石綿事前調査者
	【建築物一体設備等】 煙突、トンネルの天井板、プラットホームの上家、遮音壁、軽量盛り土保護パネル、鉄道の駅の地下式構造部分の壁及び天井板（建築物（建屋）に付属している土木構造物）、観光用エレベーターの昇降路の囲い（建築物に該当するものを除く。） 【注】[建築設備系配管]（建築物に設けるガス若しくは電気の供給、給水、排水、換気、暖房、冷房、排煙又は汚水処理の設備等の建築設備の配管）は建築物の一部	工作物石綿事前調査者 一般建築物石綿含有建材調査者又は特定建築物石綿含有建材調査者
その他の工作物	【上記以外の工作物】 建築物以外のものであって、土地、建築物又は工作物に設置されているもの又は設置されていたもののうち、上欄以外のもの。（エレベーター、エスカレーター、コンクリート擁壁、電柱、公園遊具、鳥居、仮設構造物（作業用足場等）、遊戯施設（遊園地の観覧車等）等） 【注】資格を設けない場合でも、適切に調査を実施できるよう、様式やチェックリストを作成する。	塗料その他の石綿等が使用されているおそれのある材料の除去等の作業（※）に係る事前調査については、工作物石綿事前調査者、一般建築物石綿含有建材調査者又は特定建築物石綿含有建材調査者

※塗料の剥離、補修された耐火モルタルや下地調整材などを使用した基礎の解体等を行う場合

出典：厚生労働省「石綿障害予防規則の改定に伴う関連告示の改正について（報告）」

工作物は、報告の対象となる「特定工作物」と、「報告対象以外の工作物」の二つに分けられます。特定工作物として、次の17種類が分類されていますが、これらは、石綿使用の恐れが高いものとして、厚生労働大臣が定めたものです。

〈報告対象となる工作物（特定工作物）〉

①反応槽
②加熱炉
③ボイラー・圧力容器
④焼却設備
⑤発電設備（太陽光発電設備及び風力発電設備を除く）

⑥配電設備

⑦変電設備

⑧送電設備（ケーブルを含む）

⑨配管（建築物に設ける給水設備、排水設備、換気設備、暖房設備、冷房設備、排煙設備等の建築設備を除く）

⑩貯蔵設備（穀物を貯蔵するための設備を除く）

⑪煙突（建築物に設ける排煙設備等の建築設備を除く）

⑫トンネルの天井板

⑬プラットホームの上家

⑭遮音壁

⑮軽量盛り土保護パネル

⑯鉄道の駅の地下式構造部分の壁及び天井板（建築物〈建屋〉）に付属している土木構造物
⑰観光用エレベーターの昇降路の囲い（建築物に該当するものを除く）

この特定工作物は、「建築物とは構造や石綿含有資材が異なり、調査にあたり当該工作物に係る知識を必要とする工作物」と、「建築物一体設備等」の2種類に分類されます。前者については、工作物石綿事前調査の有資格者が事前調査を行う必要があります。後者の「建築物一体設備等」については、工作物石綿事前調査者に加えて、一般建築物石綿含有建材調査者、または、特定建築物石綿含有建材調査者が事前調査を行うことができます。

また、特定工作物に該当しない「その他の工作物」で、「塗料の剥離、補修された耐火モルタルや下地調整材などを使用した基礎の解体等を行う場合」については、工作物石綿事前調査者、一般建築物石綿含有建材調査者、または、特定建築物石綿含有建材調査者が事前調査を行うと示されています。

アスベスト調査の現状と課題

このように、石綿障害予防規則と大気汚染防止法の改正によって、アスベストの事前調査とそれに基づく作業に、より厳密なルールが適用されるようになりました。これは裏を返せば、本来やるべき事前調査がしっかりとした形で行われていない、という状況があったということです。

事前調査は、専門家による細かな確認作業と、必要によっては分析を行いますから、当然それに見合う費用が必要になります。解体に関わる費用をなるべく安く抑えたいという発注者や元請業者の気持ちはわからないではありませんが、いい加減な調査をもとに解体・改修作業を進めれば、作業に関わる人に直接健康的な害を与えてしまいます。また、調査に関する記録の作成・保存も義務付けられていますから、規約違反とわかれば罪に問われることになります。そうした場合、罰金や、取引先、世間からの信用の低下といったダメージは、しっかりと事前調査をした場合の費用を大きく上回ることになるでしょう。いい加減な対応をすれば、回りまわって損をすることにもなりかねません。

他社で行った事前調査の内容に不備がないか確認してほしい、といった依頼をいただくことがあります。コンプライアンスがより厳密な世の中になりましたから、発注者もそれだけ気を使っているということでしょう。アスベストに関わる私たちの仕事も、より厳しい目でチェックされるようになると思います。

残念なことではありますが、過去のアスベストの曝露が原因で病に苦しんだり亡くなったりする人は、これから増えてくると予想されます。そうした方々の治療やケアが当然必要ですが、アスベストに関わる仕事に携わる私たちにできるのは、アスベストが原因で苦しむ人たちをこれ以上増やさないようにすることです。それには、今の建物などに使われているアスベストを飛散させることなく、適切に処理することが絶対に必要です。そのために、建物に使われているアスベストをしっかりと調査することがスタートとなります。工事に直接携わる人たちはもちろん、建物の利用者や周辺住民、子どもたちの未来のためにも大切な調査だと、ぜひご理解いただきたいと思います。

COLUMN①

世界のアスベスト規制

日本では2012（平成24）年にアスベストが全面禁止になりました。世界でも同様にアスベストに対する規制が進み、国際アスベスト禁止書記局（IBAS）による「禁止国」のリストには、次の70カ国の名前が挙がっています。

アルジェリア、アルゼンチン、オーストラリア、オーストリア、バーレーン、ベルギー、ブラジル、ブルネイ、ブルガリア、カナダ、チリ、コロンビア、クロアチア、キプロス、チェコ共和国、デンマーク、ジブチ、エジプト、エストニア、フィンランド、フランス、ガボン、ドイツ、ジブラルタル、ギリシャ、ホンジュラス、ハンガリー、アイスランド、イラン、イラク、アイルランド、イスラエル、イタリア、日本、ヨルダン、韓国、クウェート、ラトビア、リヒテンシュタイン、リトアニア、ルクセンブルク、マケドニア、マルタ、モーリシャス、モナコ、モザンビーク、オランダ、ニューカレドニア、ニュージーランド、ノルウェー、オマーン、ポーランド、ポルトガル、カタール、ルーマニア、サウジアラビア、セルビア、セーシェル、スロバキア、スロベニア、

南アフリカ、スペイン、スウェーデン、スイス、台湾、トルコ、英国、米国、ウルグアイ、ウクライナ

一方で、このリストに名前が挙がっていない国もまだまだたくさんあります。たとえば日本から距離が近い国である中国やロシアでは、現在もアスベストの採掘や製品の製造が行われています。日本ではアスベストを含む製品の輸入は禁じられていますが、P 119 に記載した「珪藻土マット」の場合など、気づかない形で含有製品が輸入・販売されるケースも実際に起きています。今後も一層のチェック体制の強化が望まれます。

また、アスベストの禁止が進んでいない国の人たちの健康被害も気になるところです。日本も、英国などに比べて約 20 年遅れる形で規制を整備してきたわけですが、その間、多くの人がアスベストの影響と思われる病気にかかり、亡くなった方も少なくありません。社会問題化しなければなかなかルールは変わらない、というのは他の国も一緒なのかもしれませんが、まだ規制が進んでいない国々でも、アスベストによる健康被害への理解が進み、少しでも早く規制が進むことを願ってやみません。

第二章

アスベスト調査の進め方

調査のスタートは情報提供から

この章では、アスベスト調査を依頼する立場の方々が知っておくべき調査の概要とポイントについて解説したいと思います。Ｐ66に掲載したチャートが、アスベスト調査のおおまかな流れです。これに沿って説明していきましょう。

アスベストの事前調査は「書面調査」「現地での目視調査」「分析調査」の３段階に分けられます。

最初の書面調査を進めるうえでも、また、調査全体の計画を組むうえでも、まずはベースとなる情報が必要です。それが「発注者からの情報提供」になります。具体的には、今回の調査の目的や施工範囲を調査会社に知らせるとともに、①確認申請書（確認済証）、②設計図書、③竣工図、④改修図面、⑤改修履歴、⑥石綿に関する過去の調査記録といった情報を提出する必要があります。①〜④のなかには、【特記仕様書、仕上表、配置図、平面図、立面図、矩計図、設備図（配管図、貫通部分各種詳細図など）】、断面図、天井伏図、床梁伏図、軸組図などが含まれますが、特に【】内の資料は調査に密接に関わる重要なものですから、できる限り準備していただきたいところです。

これらの資料がないと現地目視調査に時間を要することになり、そのぶん

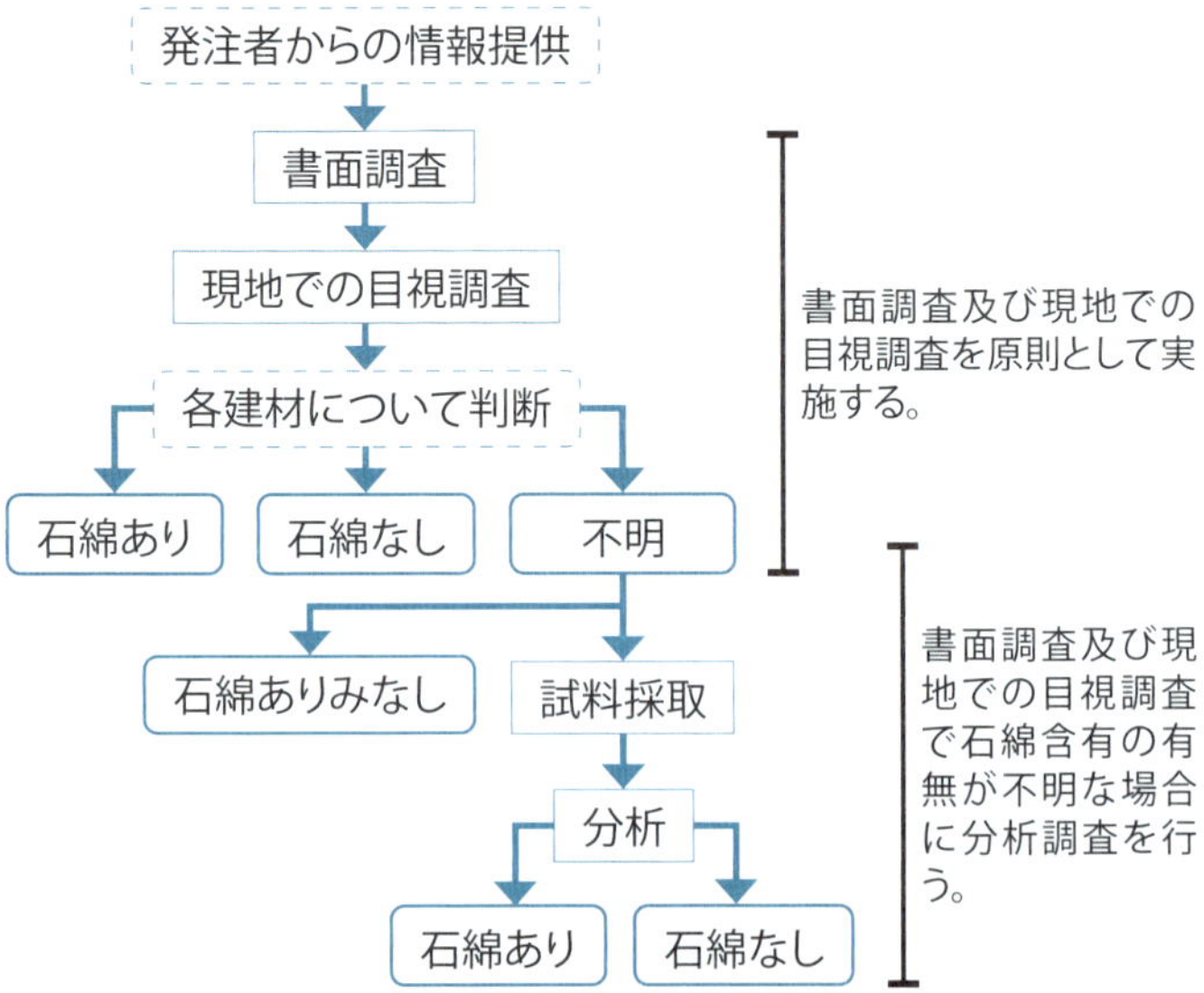

調査費用が余計にかかってしまう場合があります。もし、資料に不足がある、該当の資料がわからないといった場合でも、まずは用意できる資料をもとに、調査会社に相談してみることをおすすめします。

これらの提供された情報をもとに、調査会社は見積もりと調査計画を作成します。ただし、ここで見積もりについて留意点があります。提出された資料から、書面調査については実際にかかる金額に近い見積もりを出すことができますが、現地での目視調査や分析調査については、この段階では不確定です。調査会社は、建物の広さ、部屋数や使われている建材などのデータから、過去の事例などを参照して、調査全体でこれくらいの金額になりそう、という見積もりを出しますが、あくまで大まかなものであり、確定ではないと考えておいたほうが良いでしょう。実際に現地調査に入ると分析調査を含めてより詳細な調査が必要になる場合が多く、それによって金額が変わる可能性があるからです。後にトラブルになるのを避ける意味でも、見積もりが出たら、そこに含まれる調査内容と金額が変動する可能性について、契約前に調査会社からきちんと説明を受けておいたほうが良いでしょう。

ちなみに都分析では、延床面積100㎡までの建物なら現地調査までで7万円から、延床面積100～300㎡の建物なら15万円から（いずれも税抜き）という金額をHPで表記しています。分析調査を含む、より正確な金額は実際にある程度調査を進めないと提示できないのですが、一つの目安として参考にしていただけたらと思います。

新しい建物でも書面調査が必要

調査計画と見積もりを承認し、契約が済んだ後は、実際に書面調査に入る形になります。すでにお伝えしたように、２００６（平成18）年９月１日以降に着工したことが建築確認申請等の書面で確認できた場合、その建物にアスベストが含まれる可能性はないと判断できますから、この書面調査の段階で事前調査は終了になります。目視調査や分析調査の必要はありません。

事前調査の結果は、記録を作成し、解体・改修工事の現場に備え付けるとともに、発注者への説明や、一定規模以上の建物の場合は都道府県と労働基準監督署への報告が必要になりますから、そのためにも調査は実施しなくてはならないことを改めてご理解いただきたいと思います。

書面調査では、設計図などの資料をもとに、使用されている建築材料の種類を確認していきます。場合によっては、発注者や、過去の経緯をよく知っている施設関係者、工事関係者といった方々にヒアリングを行うこともあります。

そうして得られた情報をもとに図面との照合を行い、アスベストが使用されている可能性のあるものについては、「石綿（アスベスト）含有建材データベース」（https://asbestos-database.jp/）及びメーカー情報と照合することで、アスベストが含まれているかどうかを確認していきます。

この作業を終えた段階でアスベストが含まれている可能性がある建材など

があがってこなかったとしても、「含有なし」と判断することはできません。この段階ではあくまで仮判定であり、実際に現地で目視調査を行う必要があります。書面調査の目的は、「現場」「現物」「現実」の3現主義を基本に、現地での目視調査の効率を高めるとともに、石綿含有建材の把握漏れを防ぐなど、調査全体の質を高めるために行うことだとご理解ください。

準備が目視調査の質を左右する

書面調査の後、そこで得られた情報をもとに現地での目視調査に移るわけですが、その前の準備が大変重要になります。スムーズに現地調査を行うためには、調査を行う箇所とその順序を動線計画に組み込む必要があります。そのためには、建物・各部屋の入館・入室可能時間や鍵の有無など、建物の管理者からの正確な情報提供が欠かせません。特に大きな建物の目視調査を依頼する場合は、調査会社と建物の管理者側が同席して、動線計画をもとにスケジュールを確認しながら必要な準備について打ち合わせを行いましょう。現地で建物を見て回りながら打ち合わせをしたほうがよりわかりやすいと思います。

そうした準備が十分でないと、いざ調査に行くと、調査予定の部屋が使用中で入室できなかったり、開いているはずのドアに鍵がかかっていて入れなかったりすることがあります。そうすると調査予定の組み直しや、場合によっては日を改めての再調査が必要になり、調査費用の余分な増加につながります。

また、同じタイプの部屋であっても、改修などによって異なる建材が使用されていることもあります。その場合、それぞれの部屋を確認する必要がありますから、想定していたよりも確認箇所が増えることがあります。また、調査をする私たちも、アスベストの危険性に備えてしっかりとした装備で調査を行うことになりますが、テナントや来客がある建物では、余計な不安や心配を与えたくない、ということもあるでしょう。そうした場合には、来館者のいない時間帯で調査を行うなど、事前のスケジュール調整がより重要になります。

このように、現地の目視調査を行うには、さまざまな要素を想定した準備が必要です。スムーズでより正確な調査を行うためにも、調査会社にお任せ、というスタンスではなく、調査を依頼する方々の協力が必要になるということをご理解いただきたいと思います。

現地目視調査の前に、依頼者側、施設管理者側のみなさんが確認・準備しておいたほうがいいことをまとめました。

基本着用一式

基本小道具一式

時間と費用を抑えつつ、より正確な調査をするためにぜひ参考になさってください。

【現地目視調査の前に確認・準備しておきたいこと】

・現地調査の日時、開始と終了予定時間の確認
・調査予定箇所とスケジュール、動線の確認
・テナント、警備員等、関係者への周知
・調査予定箇所と部屋の空き予定の確認と開錠
・電気、電灯の使用の可否の確認
・給湯、給油、空調、ボイラーなどの稼働の有無の確認
・セキュリティシステムの確認と対応

・調査の障害となる物の片づけ、移動

こうした事前の準備を経て、現地での目視調査の日を迎えます。次ページに掲載したチャートは、目視調査とその後の分析調査の流れを示したものです。目視調査は、外観観察をスタートに、屋上や外構といった屋外部分を先に済ませて、その後に内部の調査に入るという順番が一般的です。調査を依頼する方々が各項目の細部まで理解する必要はありませんが、こうした流れで調査が行われることを知っていただければ、事前の準備にも役立つと思います。

事前調査の流れ《目視調査》

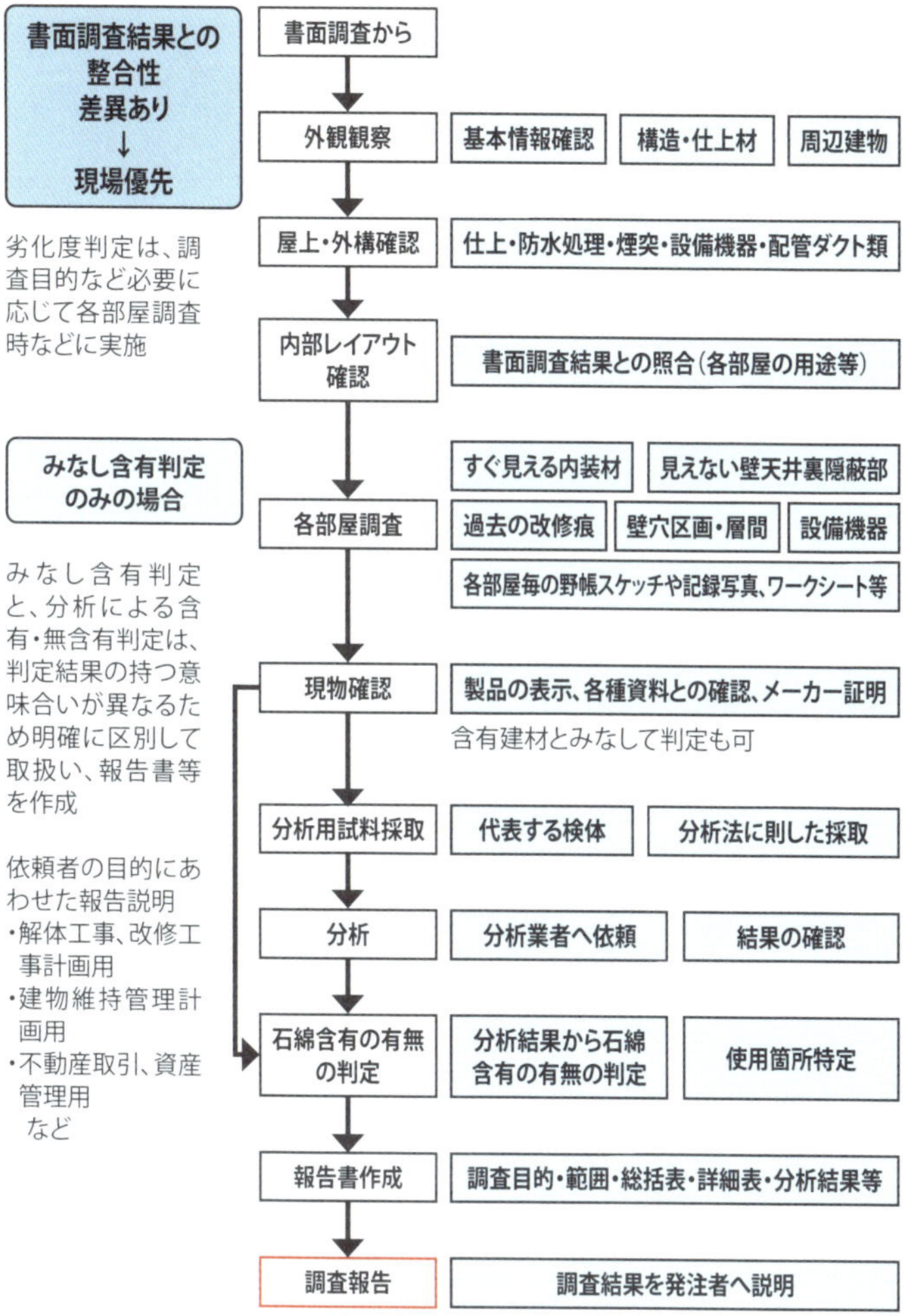

出典：建築物等の解体等に係る石綿ばく露防止及び石綿飛散漏えい防止対策徹底マニュアル（厚生労働省、令和３年３月〈令和６年２月改正〉）

分析調査

目視調査では、書面調査の資料をもとに、建材の製造番号や製品番号を実際に確認し、「石綿（アスベスト）含有建材データベース」及びメーカー情報と照合することでアスベストの含有について判断していきます。しかし、実際の現場では、建材に製造番号や製品番号が記されていなかったり、目視で確認できなかったりする場合も少なくありません。そうした場合は、現物からサンプルを採取して分析調査に進むことになります。

サンプルはアスベスト含有の可能性がある建材ごとに採取します。たとえば一つの壁面であっても、場所によって違う建材が使われていると判断できる場合は、その異なる建材ごとに試料を採取する必要があります。

また、吹付け材などの場合は、広さによって採取する箇所の数の目安が定められています。たとえば、平屋建てで床面積が３０００㎡未満の建物の場合は、吹付け施工部位の3箇所以上からの採取、床面積が３０００㎡以上の平屋建ての場合は、６００㎡ごとに一箇所ずつの採取、といった具合です。サンプルの採取の数は、建物の広さや部屋数によって変わってくるので、一つの建物でこれくらいの数と一概に言うことはできませんが、50箇所以上の採取、分析が必要になるケースも珍しくはありません。

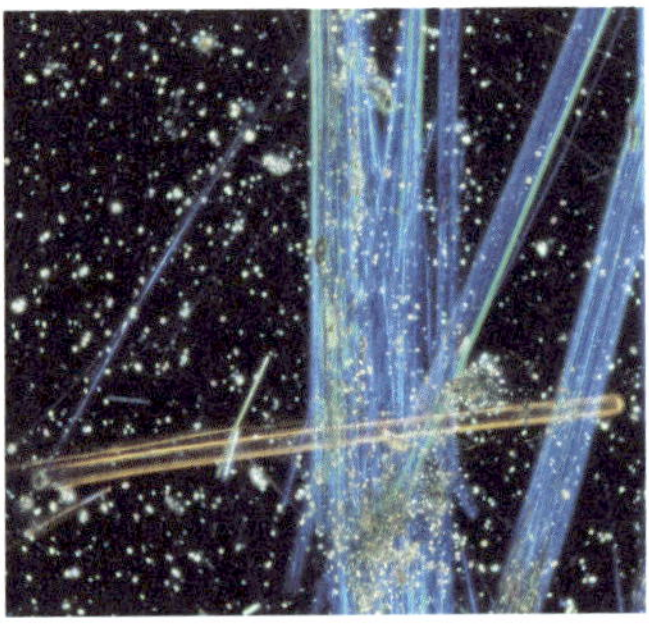
アモサイト (茶) 分散

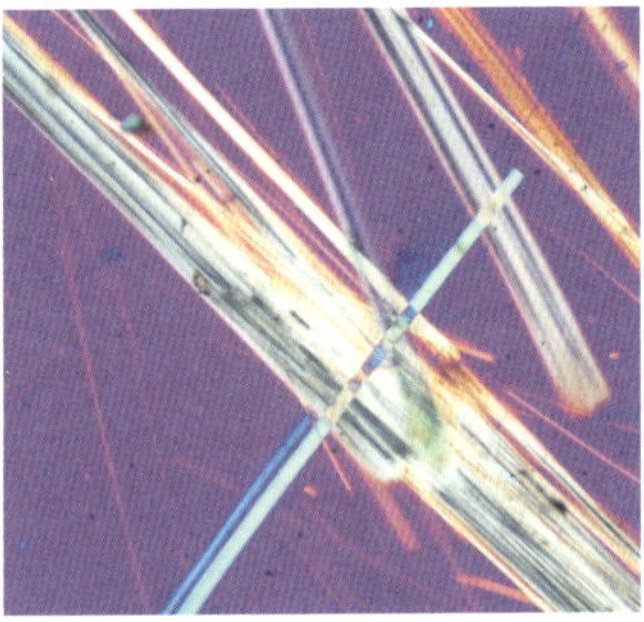
アモサイト (茶) 偏光

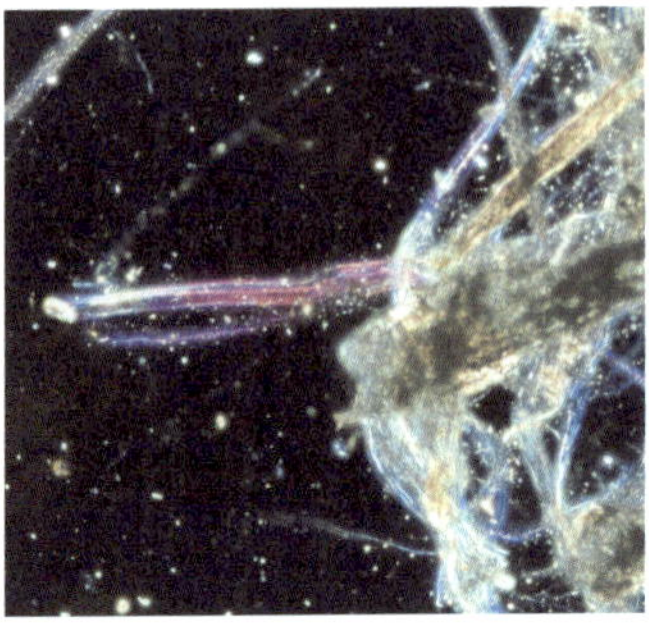
クリソタイル (白) 分散

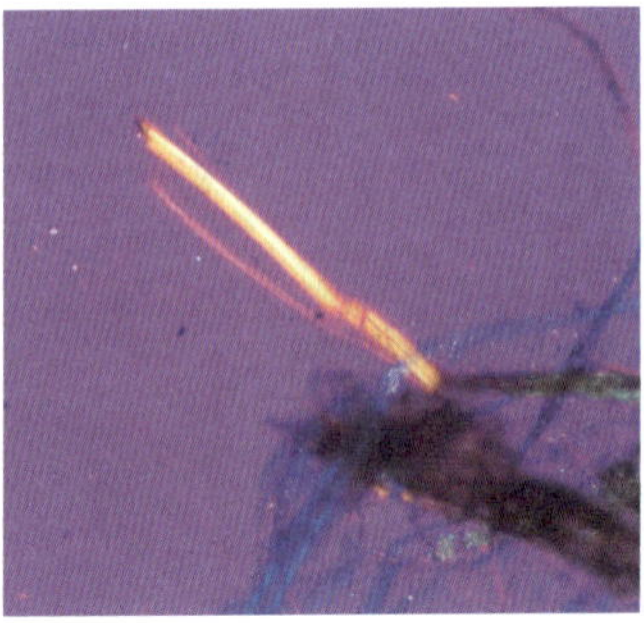
クリソタイル (白) 偏光

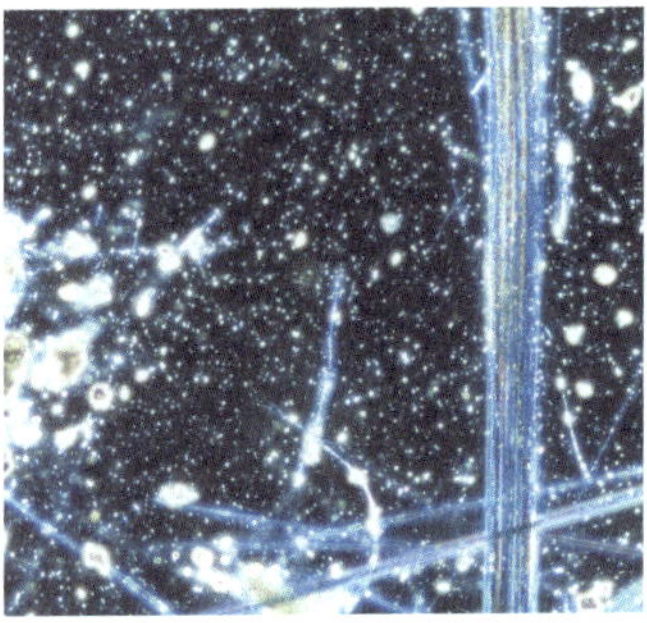
クロシドライド (青) 分散

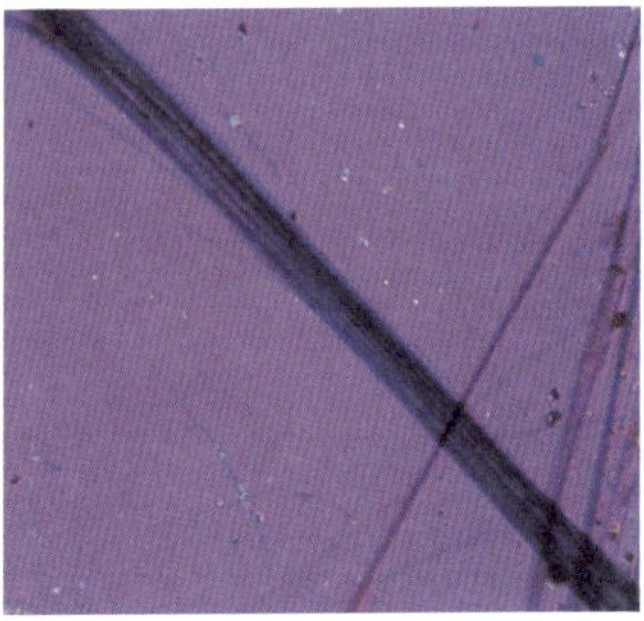
クロシドライド (青) 偏光

採取したサンプルは、まず実体顕微鏡で確認。その後、熱処理や酸処理などで、分析にかけられる状態にする前処理を行います。それが済んだサンプルを偏光顕微鏡、分散顕微鏡、電子顕微鏡で見て、アスベストが含まれていないかを確認し有無を判定していくことになります。アスベストが含まれるサンプルは、偏光顕微鏡、分散顕微鏡、電子顕微鏡を通すと右の写真のように見えます。この前処理から分析までの作業には、半日から一日程度の時間を要します。

このように、目視調査でアスベスト含有の有無がわからなければ分析調査をすることが原則ですが、場合によっては、それをせずにアスベストが含まれているものとみなす、という判断をする場合もあります（みなし含有判定)。たとえば、古い住宅の屋根材などは、製造番号や製品番号が不明でも、外観などからアスベストが含まれている可能性がかなり高いと判断できるケースがあります。もちろん、分析をすれば有無がはっきりしますが、その分の費用がかかります。かなり高い確率でアスベストが含まれている建材の場合、みなし含有判定で分析調査を省いたほうが、コストを削減できるケースがあります。

また、トイレのビニル状の床材などにもアスベストが使われているケースがあるのですが、広いスペースではありませんから、みなし判定のうえ、アスベスト含有の廃棄物として処理したほうが、分析する費用よりもコストが安くなる場合もあります。また、ある程度の大きさの建物であれば、ボイラー室などに水やお湯やガスや空調などのさまざまな配管がまとまった形で通っています。配管は耐久、耐熱などのための被覆材で覆われており、なかにはアスベストが使われているものもあります。実は配管の被覆材は配管を通る中身によって種類が異なり、アスベストを含むものとそうでないものが混在しているのですが、それらをすべて分析するとコストがかかってしまいますので、その箇所の配管をすべてみなし含有とし、アスベストが含まれているものとして、それに対応した工事を進めたほうが工事の段取りも進めやすく、トータルのコストも安くなる、というケースもあります。

ただし、いちいち分析するのが面倒だから全部みなし含有で、ということにしてしまうと、その後の工事をすべてアスベストに対応したものにする必要があり、コストは大きく膨らむことになります。それは賢明な判断ではありません。分析すべき箇所は分析したほうが、トータルのコストも安く、また、解体・改修作業にあたる人や依頼者も安心できる工事につながります。

書面調査で可能な限りの情報を洗い出し、目視調査ではその情報と現物をしっかりと照合し、不明な箇所については、分析調査とみなし含有判定の判断に関して、依頼主側の立場に立ったアドバイスをしてくれる。そういう調査会社がパートナーとして適切だと言えるでしょう。

調査報告書

書面調査からスタートし、目視調査、そして必要な箇所の分析調査と進んだら、調査会社はそれらの結果を調査報告書にまとめて、依頼主に報告、説明を行います。その後は、主に解体・改修工事の元請業者の仕事になりますが、この報告書をもとに、事前調査の記録を作成する、という流れになります。

書面調査の開始から報告書がまとまるまでどれくらい時間がかかるのか、と質問をいただくことが多いのですが、建物の規模や築年数、内部の構造によって調査の中身がまったく変わってきますから、一概には言えません。戸建てなら1週間程度で済む場合もあれば、ビルなら2、3カ月かかる場合もあります。調査する案件が混み合っていれば、さらに時間がかかることもあります。アスベストの事前調査の結果は工事日程にも大きく影響しますから、解体・改修の予定が確定した段階で、早めに調査会社にご相談することをおすすめします。

COLUMN②

アスベストの啓発活動

私は、時間を見つけては、自分とは異なる業界の方々が集まる異業種交流会に参加するようにしています。新規顧客の発掘のためではありません。建築や工事に関わりのない業界で働く人たちにもアスベストについて知ってもらうきっかけをつくりたい、という想いからです。

そういう場所では「アスベスト調査」と書いてある名刺を持っている人など私以外にはまずいませんから、「いったいどんなお仕事なんですか?」と必ず聞かれます。そこで、アスベスト問題や私の仕事についてお話しすると、多くの方が「知らなかった」と目を丸くされます。建築や工事関係の業界では当たり前の話題が、一般にはほとんど知られていないことを痛感すると同時に、自分ができる形でアスベストについて知ってもらう機会を作っていかねば、という想いを強くしています。

私の仕事はアスベスト調査ではありますが、それだけをやっていればいいとは思っていません。私がやりたいのは、アスベストの問題を解決に向けて前進させることであり、その動きを自ら作り出すことです。

アスベストの問題を前進させるには、建築や工事に関係する人たちだけでなく、アスベストとは直接関係のない世界で働く人たちも含めて、世の中全体に関心を持ってもらうことが必要です。もちろん、国や自治体の役割は重要ですが、公に任せるだけでなく、私のような民間の人間が積極的に動くことで、その流れが作れるのではないかと考えています。実際、異業種交流会でお話しした不動産オーナーから相談を受けたり、たまたま知り合ったマスコミ関係の方から、ラジオ番組でもっと詳しく話してほしい、と頼まれてお話ししたりしたこともあります。少しずつではありますが、手応えを感じています。

もちろん、一般への啓発活動と同時に、仕事でアスベストに関わる人たちの理解と知識を高めることも重要です。建築や解体に関わる企業に呼ばれて、アスベストの知識と必要な対策についてレクチャーすることもよくあります。そんな時、私の心に浮かぶのは、同じ現場で働いて、もう会えなくなってしまった人たちの姿です。そんな人たちを増やさないためにも、今アスベストの現場で働く人たちの健康と未来を守るためにも、言葉に熱を込めて話しています。

私たちの次の世代にこの課題を残さないために、私自身がアスベスト問題のフロントランナーになるつもりで、これからも取り組んでいきます。

第三章

アスベスト調査・分析事例紹介

アスベスト調査の現場

この章では、私が調査・分析を担当した事例を3つご紹介します。実際に行った調査の写真や結果を掲載しつつ、私の実体験をお伝えすることで、アスベストの調査をより具体的に、リアルに感じていただけるのではないかと思います。

なお、守秘義務の関係から、具体名や場所の特定につながる情報は伏せた書き方になっていることをご了承ください。

事例①

M株式会社・倉庫

◇調査物件の概要

竣工年：不明

構造：鉄骨造・2階建て、増築有

◇調査期間

倉庫部分は約3週間

倉庫やほかの建屋を合わせた全体の調査で約1カ月半

◇調査の結果

調査した建材数：164

含有と判定された建材数：23

（うち、みなし含有：6）

◇おおよその費用

倉庫部分で約400万円

《調査の経緯》

素材メーカーであるM株式会社の社屋の建て直しに伴い、長年使用していた倉庫の解体をすることになりました。

解体にはアスベスト調査が必要だということで、新社屋の設計を担当している一級建築士事務所を通じて調査の相談がありました。その一級建築士事務所とは以前に別の物件でご一緒したことがあり、アスベストの調査なら福田のところに任せれば安心だと、M株式会社に私どもをご紹介くださり、そのご縁でM株式会社からご発注いただいた、という事例です。

《この事例のポイント》

建物の竣工年が不明というくらい、年季の入った古い倉庫でした。増改築を繰り返した跡があちこちにあってそれぞれで異なる建材が使われており、一般的な倉庫に比べて調査が必要な箇所が多くなりそうなことはすぐにわかりました。M株式会社からは、「お任せするのでしっかりした調査をお願いします」という話がありましたので、ご期待に応えられるように準備を進めました。

しかし、当初は「5月の連休明けから調査を始めて、7月の中旬くらいまでには完了させてほしい」という話だったのが、連休が明けても「まだ倉庫に商品が残っている」といった理由で、なかなか調査に入ることができませんでした。6月に入ってようやくゴーサインが出たのですが、当初の締切ではきちんとした調査が難しいため、建築事務所や工事を担当するスーパーゼネコンと協議して、調査完了の期日をずらすことになりました。幸いこの案件では工期に大きな影響は出ませんでしたが、アスベスト調査の予定がずれ込めば、工事全体のスケジュールが遅れることになりかねません。かといって、予定に間に合わせるために調査の手を抜くのでは本末転倒です。調査を依頼する側の方は、そのことを念頭に置いて、十分な日程で調査が進められるように準備を進めていただきたいと思います。

また、操業への影響を抑えるために、稼働中に調査を進めてほしい、という要望がよくあります。この倉庫の場合もそうでした。そうした場合、操業時間中は調査できない場所が出てきたり、調査の時間帯にフォークリフトを止めるといった措置を取ったりする必要があるため、より入念な打ち合わせが必要になります。「調査の予定が現場に伝わっておらず作業が終わるまで立ち入れない」「調査予定の部屋に鍵がかかっていて入れない」といったトラブルは起こりがちです。この倉庫の調査でもそういったことのないよう、M株式会社の担当者と、現地で物件を見ながら調査の段取りとスケジュールのすり合わせを複数回行いました。

この調査では、壁に使われていたケイ酸カルシウム板やフレキシブルボードからアスベストが検出されました。また、P100のような塗床は、倉庫や工場でよく目にしますが、ここにもアスベストが含まれている場合がありま す。実際、この倉庫でも複数の塗床から検出されました。

意外に思われそうなところとしては、休憩室にあったキッチンのフレキシブルボードからもアスベストが検出されています。キッチン周辺の建材は耐火性を持たせるために、アスベストを含む建材が使われている可能性が高いのです。

また、稼働中の施設の場合、電気室の中にある分電盤やコンデンサーなど、高圧の電力が通っているところは危険なため調査ができません。そこは稼働停止後に、漏れがないように改めて調査をする必要があります。この倉庫でも、受変電設備室の壁のフレキシブルボードからアスベストが検出されています。

また、この倉庫の調査では検出されませんでしたが、配管やコードなどと壁の間のすき間を埋めるパテ材にも、アスベストが含まれている場合がありますす。これは意識をしないと見落としになってしまう細かな部分ですから注意が必要です。

M株式会社のご要望通り、入念な調査を行った結果、工事を担当することになったスーパーゼネコンの担当者からは、「ここまでしっかりとした調査報告はあまり見たことがない」と言われました。「自分たちでも改めて確認しましたが、確かに調査の見落としがなかったので、この報告書でそのまま手続きを進めます」とのことでした。調査に漏れがあって再調査が必要になり工期に影響が出てしまう、という例も実際にあります。しっかりとした調査を行うことは、現場の安全とともに、結果的に予定通りのスケジュールを守ることにもつながると言えます。

M株式会社にもご安心いただけたようで、数年後に建て替え予定の別の棟の解体の際にもお願いしたい、とうれしい言葉をいただきました。

「事例① M株式会社・倉庫」の調査写真

倉庫外観
倉庫の外観。よく見られる形の倉庫だが、増改築を繰り返しているため、異なる建材ごとに調査が必要だった

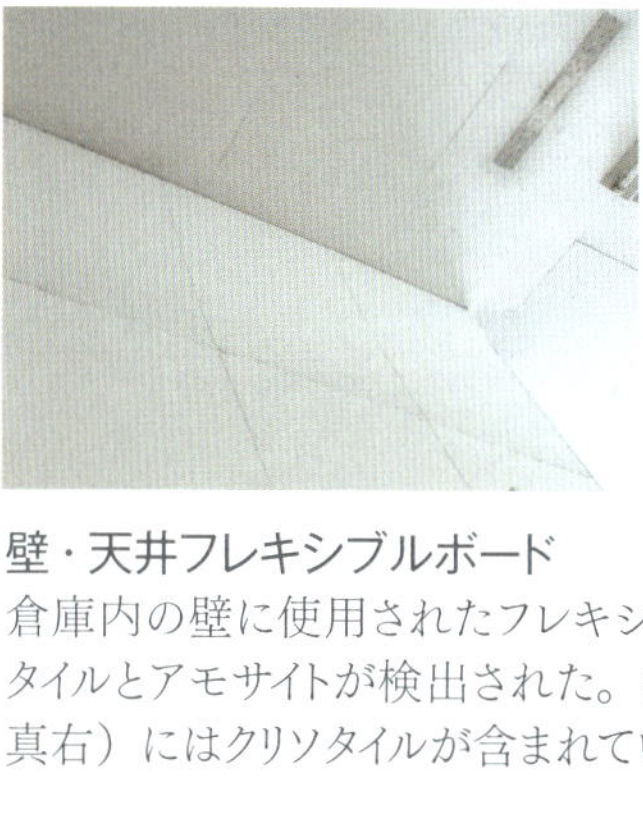

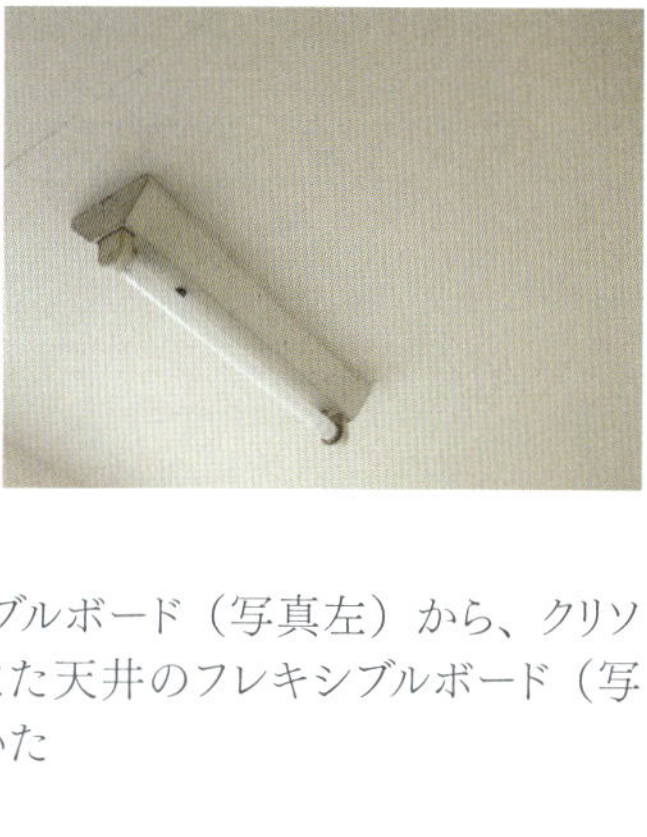

壁・天井フレキシブルボード
倉庫内の壁に使用されたフレキシブルボード（写真左）から、クリソタイルとアモサイトが検出された。また天井のフレキシブルボード（写真右）にはクリソタイルが含まれていた

床　知らなければ見落としがちな部分だが、塗床に使われている接着剤や下地調整材にアスベストが使われている場合がある。写真左の床の接着剤と、写真右の床に使われていた下地調整材にもクリソタイルが含まれていた

ケイ酸カルシウム板
壁材としてもよく使われるケイ酸カルシウム板にもアスベストが使われている場合がある。この写真の物置の壁に使われたものにもクリソタイルが含まれていた

キッチン部分横
フレキシブルボード
休憩室内のキッチン横で使われていたフレキシブルボードからクリソタイルを検出。火や熱を使う場所にはアスベストを含む建材が使われている場合も多い

受変電設備室壁

受変電設備室の壁に使用されていたフレキシブルボードもクリソタイルを含有していた。稼働中の施設は後回しになりがちな空間なので、見落としに留意する必要がある

パテ

今回の調査では検出されなかったが、配管や配線を通すすき間をふさぐパテにもアスベスト含有のものがある

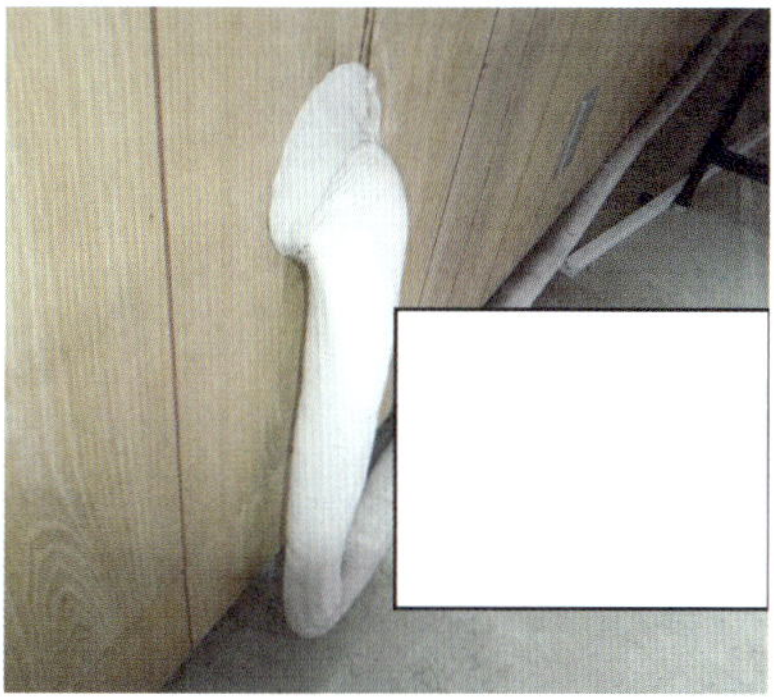

波板スレート

倉庫や工場の屋根によく使われている波板スレートは、高確率でアスベストを含む。この調査では検査の手間と費用を抑える観点から、「みなし含有」として対応した

事例②

K病院

◇調査物件の概要

竣工年：1934（昭和9）年

構造：RC造・5階建、地下1階

◇調査期間

約3カ月

◇調査の結果

調査した建材数：245

含有と判定された建材数：71

◇おおよその費用

約1,000万円

《調査の経緯》

ある建築関係のエージェントから、「ちょっと大変な現場があるのだけれども、やってくれないか」と話があったのがこの事例の始まりでした。説明するよりも見たほうが早い、と言うので現場に行ってみると、昭和初期に建てられた古い大きな病院を建て直すということで、言葉通りに大変な調査になるとひと目でわかりました。

私の経験上、アスベスト調査が大変になる物件の代表は、商店街とホテルと病院です。商店街は、お店一軒一軒の造りが違ううえに住居部分がある場合が多く、調査に手間と時間を要します。ホテルについては次の事例でお伝えしますが、病院の場合は、建物の規模が大きいうえに、用途によってさまざまな部屋があり、使われている建材もそれぞれ大きく異なる点が難しさの理由の一つです。特にこの病院は古い建物ですから、通常の病院よりもさらに難易度が高くなると思われました。私は病院の調査を何回も手掛けていますから、その経験を見越しての依頼でした。

《この事例のポイント》

地域医療の中心を担う病院であるため、機能を維持しながら解体、新築を進める必要があり、調査も病院が稼働している最中に行わなくてはなりませんでした。患者さんに余計な不安を与えないように、服装や道具は制限せざるを得ず、自由に動き回って調査することもできませんでした。夏の暑い時期だったこともあり、かなりの疲労感があったことを覚えています。

病院の建物は、一般的に1階や地下に機械や設備がある場合が多く、そういった場所はアスベストを含む建材が使われている可能性が高いため、より慎重な調査が必要になります。たとえば、レントゲン室などは、放射線が漏れないように壁が銅板で覆われているなど特殊な造りになっているので、調査に当たるにはそういった知識も必要です。

また、配管も多く、それが複雑に入り組みながら建物全体に張り巡らされています。病院の調査の経験がなければ、しっかりとした調査を行うことはなかなか難しいでしょう。特にこの事例の場合は古い建物でしたから、過去の経験を思い返しながら慎重に調査を進めました。

その様子を見てもらっていたためか、調査に同行した関係者の方からは「任せても大丈夫」という信頼を得ることができ、その後は大変ながらもスムーズに調査を進めることができました。日程もほぼ予定通りに完了できたので、その後の解体工事へとつなげることができました。現在はその場所に病院の新しい建物が建ち、引き続き地域の医療を支える場所になっています。

「事例②　K病院」の調査写真

ビニル床タイル

よく見るタイプの床だが、ここにアスベストが使われていることがある。写真上の場合、ビニル床タイルそのものから、写真下の場合は、ビニル床タイルと接着剤からクリソタイルが検出された。特に病院はフロアや部屋によって異なる床材が使われている場合も多く、多くの調査と分析が必要だった

巾木

病院だけでなく一般のオフィスでもよく見かける茶色の巾木。この写真の例では、使われていた接着剤にクリソタイルが含まれていた。また、巾木そのものにアスベストを含む製品が、半年という短い期間だが、製造されていたという記録がある

配管保温材

病院は配管類が多く、そこに巻かれた保温材がアスベストを含んでいる場合がある。写真上の事例では、配管のエルボ部分にクリソタイルとアモサイトが使われていた。写真下の配管は一見新しそうに見えるが、被覆の奥には古い保温材があり、T字部分からクリソタイルとアモサイトが検出された

パッキン

写真には写っていないが、シルバーの被覆と配管の接続部の奥にアスベストを含むパッキンが使われていた。こうしたパッキンは耐熱性を持たせるためにアスベストの比率が高いものが多く、この配管のパッキンを分析したところ、43.2%のクリソタイルを含んでいた

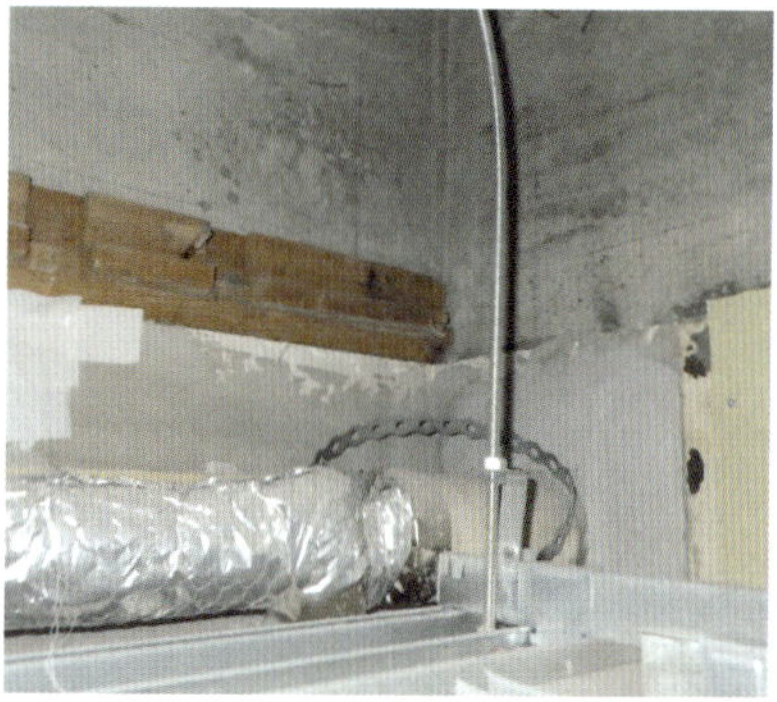

長尺シート

床材として多く使われている長尺シートの施工部分にもアスベストが使われている場合がある。写真上の事例では、濃茶のシートの接着剤にクリソタイルが含まれていた。写真下の事例では、左右の灰色のシートの接着剤からクリソタイルが検出されるとともに、その下に残されていたビニルタイルからもアスベストが検出された。このように、古い施設は改装・改修を繰り返しているため、一見新しい見た目の部分の下に古い建材が隠れており、そこにアスベストが使われているケースはよくある

廊下内装仕上げ塗材

内装の塗材のなかにアスベストが含まれている場合がある。この写真の壁部分は複数回の塗り直しで塗材が層になっており、その2つ目の層の塗材からクリソタイルが検出された

事例③

Tホテル

◇調査物件の概要

竣工年：1926（大正15）年

構造：RC造・9階建て

◇調査期間

約4カ月

◇調査の結果

調査した建材数：107

含有と判定された建材数：37

◇おおよその費用

約700万円

《調査の経緯》

お付き合いのあるアスベストの除去会社から、「手伝ってくれないか」と頼まれたのがこの事例です。歴史のあるホテルが老朽化に伴い移転することになり、その古い建物の解体工事をするとのことでした。その除去会社では調査の人員が足りず、また、期間も限られているということで、私たちに声がかかった形です。

《この事例のポイント》

さきほど、アスベスト調査の難しい物件の一つにホテルを挙げました。なぜホテルが難しいかと言うと、病院と同様に建物の規模が大きいことと、利用客がいる場合は表立った調査が難しいためです。「ヘルメットを着けたり、工具を持ったりして歩かないでほしい」「エレベーターは極力使わずに階段で移動してほしい」と言われるケースもよくあります。ホテルは晴れの場として使われる場合も多いので、気持ちはよくわかるのですが、それでは調査自体が難しくなる場合もあり、毎回頭を悩ませるところです。

このTホテルの場合は、調査をする時点で既に営業を終了しており、利用客の存在を気にする必要はありませんでした。しかし、その半面大変だったのが「電気が使えない」ということです。つまり、照明もエレベーターも使えません。古いホテルなので現代の高層ホテルほどの階数はありませんが、それでも機材を持って9階まで階段を上るのはなかなかしんどかったのを覚えています。しかも空調も止まっていて夏の時期でしたから、汗だくになりながらの調査でした。さらに、時代ごとの改築によって内部は複雑な構造になっており、照明もありませんから、まるで暗い迷路です。調査を進めていると、出口がどこかわからなくなることも度々でした。また、水漏れが起きてカーペットが水浸しになっているなど、使われなくなった古い建物ならではの障害もありました。

古い建物にありがちなパターンとして付け加えると、改装を繰り返したことで、壁や天井の建材が何重にもなっている場合があります。ホテルや商業施設は、改装の際でもできるだけ工期を短くしたいですから、既存の建材の上に新しい建材を張り付けて見た目を新しくする、というやり方をすることがあります。一つの箇所に複数の建材が重ねられているわけで、そこにアスベストを含む建材が使われている可能性も高くなります。このホテルの場合もアスベストが検出されました。

話を持ってきてくれた除去会社からは、手伝ってほしいという話だったのですが、「おたくに任せてしまったほうが早い」と、ほぼ私たちだけで調査を担当することになりました。期間にも余裕がなかったため、その点でも大変だったのですが、きちんとした調査をしたうえで何とか間に合わせることができ、除去会社からは大変感謝をされました。私たちとしても、歴史のある古いホテルの調査を担当する機会はそうありませんから、今振り返れば、とても良い経験になったと思います。

最近は、古い建物をリニューアルして新しい施設として生かす流れがあります。改修工事の場合でもアスベストの調査が必要になることは、既にお伝えした通りです。今後、古いホテルなどのリニューアルに伴う調査の話があった場合には、今回の経験が生きてくるのではないかと考えています。

「事例③　Tホテル」の調査写真

壁リシン吹付け

壁の仕上げとして一般的なリシン吹付けだが、以前は施工の際に使われる下地調整材や仕上げ塗材などにアスベストを含むものが使われていた。この事例でも、写真上の壁の下地調整材と、写真下の壁の仕上げ塗材にクリソタイルが含まれていた

アスファルトシングル

ガラス繊維にアスファルトを浸透させた建材をアスファルトシングルと呼び、屋根材として多く使われている。この写真の事例では、アスファルトシングルを固定する接着剤にアクチノライトが含まれていた。また、アスファルトシングルそのものにアスベストが含まれているものもある

天井リシン吹付け 外部の階段部分など、天井がリシン吹付け仕上げになっている場合はよくあるが、壁と同様に施工部分にアスベストを含む建材が使われている場合がある。この写真の事例でも、塗材にクリソタイルが含まれていた

配管エルボ部分 配管によって、アスベストが含まれている建材が使われている場合とそうでない場合がある。一般的に、高熱だったり、温度が上下したりするものを通す配管には保温と耐久性を持たせるためにアスベスト含有の建材が多く用いられていた。この写真の配管の一つからも、エルボ部分からクリソタイルとアモサイトが検出された

COLUMN③

アスベストと関わる運命

私がアスベスト調査・分析の仕事に携わるようになったのは、父が環境分析・調査の会社を経営していたことが大きかったのは確かです。しかし、ただそれだけではないものを感じています。自分で会社を興して、この事業により真剣に向き合おうと思うようになったのは、アスベストと自分との間に、浅からぬ縁を感じる出来事がいくつもあったからです。

たとえば2012（平成24）年頃に、外壁の仕上げ材や下地調整材のなかにアスベストが含まれている場合があることが明らかになった、ということがありました。実は、これに気づいたのは私自身なのです。外壁の調査の依頼を受けて、採取したサンプルを分析した結果、アスベストが含まれていることに気がついたのですが、それ以前にそんな例は聞いたことがありませんでした。私以外にも既に気づいていた人がいたのかもしれませんが、その後、外壁に含まれるアスベストの処理が業界で一つのムーブメントになりましたので、そこに最初の段階から関わっていたことは確かです。その外壁に含まれるアスベストを処理するための超高圧洗浄の方法と作業環境についても、大阪府、大阪市を通じて、解体業・建設業の方から相談を受けてアドバイスを行うなど、除去方法の確立に向けて関わりました。

また、2020（令和2）年頃、珪藻土でできたバスマットの一部にアスベストが含まれているものがあるとわかり、大きなニュースになりました。大手ホームセンターなどでも数十～数百万点に及ぶ商品を回収する騒動に発展したことを覚えている方もおられると思います。この珪藻土バスマットのアスベストの調査にも私は関わっていました。

ほかにも、秘密保持の関係で名前を出せない調査案件も含めて、アスベストがニュースとして報じられる件に自分も関わっていた、という経験を何度もしてきました。その度に、あぁ、やっぱりこれからもこの仕事をやっていけということなんだなと、アスベストに関わる自分の運命のようなものを感じてきました。

アスベストが関係する問題は、起きなければそれに越したことはありませんが、問題が起きれば、それによって世間がアスベストに改めて注目し、ルールが整えられ、作業や処理の方法も進化してきた経緯があります。アスベストが使われている建物の解体はこれから本格化しますから、今後もアスベストに関する問題は起きてくるでしょう。私はまた、その場面に関わることになるのかもしれません。その時は、自分が持つ経験と技術でその件の解決に努めるとともに、その経験を世の中のアスベスト問題全体の解決に生かせるように、より広い視点で取り組んでいきたいと思っています。

第四章

アスベストを含む建材は身近にある

知識が現場の安全を守る

アスベストは、特に１９７０年代から８０年代にかけては輸入したものを中心に建材として多くの建築物に使われてきました。それから40～50年が経った現在、建物が耐用年数に差し掛かり、今後は解体、改修工事の増加が見込まれることは既にお伝えした通りです。読者である建築関係の仕事に携わる方々も、現場でアスベストに関わるケースがさらに増えてくると思います。

その際には、労働安全衛生法をはじめとした関係法令に基づく適切な手続きと曝露対策を取ることが重要ですが、それと併せて、現場に関わるみなさん自身がアスベストについて基本的な知識を持っておくこともとても大切なことです。

現場に携わる読者の方々はよくおわかりのように、常に予期せぬ事態が起きる可能性があるのが現場というものです。安全対策を人に任せきりにせず、我が事と思って関心を持つと同時に、必要な知識を身につけることが、みなさん自身と現場に関わる人たちの安全を守ることにつながります。

そうした観点から、読者のみなさんの安全のお役に立てるように、この章では、アスベストがどのような建材に含まれているのか、また、その危険性のレベルや、現場に関わる人たちが知っておきたいポイントなどを解説していきます。

アスベストを含む建材には「レベル」がある

まず、P126－127に掲載しているのが、アスベストを含む主な建材とその製造時期です。吹付け材、保温材や断熱材、内装材、外装材などとしてさまざまな施工部位に用いられており、つい20年ほど前の2004（平成

16）年まで製造されていた種類の建材もあります。

Ｐ128－129には、ＲＣ・Ｓ造と戸建て住宅での使用部位例のイラストを掲載しました。これを見れば、アスベストを含む建材が、建物のあらゆる場所に使用されている可能性があることが改めてわかると思います。

これらのアスベストを含む建材は、作業時の粉じんが発生する度合いが高い順に「レベル1」「レベル2」「レベル3」に分類されています。粉じんの発生の度合いが高いということは、アスベストに曝露する危険性も高いということですから、このレベルがそのまま作業の危険性の度合いを示すと考えてよいでしょう。

	石綿障害予防規制区分	種類（施工部位）	建材の種類	製造時期
石綿含有産業廃棄物	その他アスベスト含有建材（成形板等）	内装材（壁、天井）	石綿含有せっこうボード	1970~1986
			石綿含有パーライト板	1951~1999
			石綿含有その他パネル・ボード	1966~2003
			石綿含有壁紙	1969~1991
		耐火間仕切り	石綿含有けい酸カルシウム板第1種	1960~2004
		床材	石綿含有ビニル床タイル	1952~1987
			石綿含有ビニル床シート	1951~1990
			石綿含有ソフト巾木	（住宅用ほとんどなし）
		外装材（外壁、軒天）	石綿含有窯業系サイディング	1960~2004
			石綿含有建材複合金属系サイディング	1975~1990
			石綿含有押出成形セメント板	1970~2004
			石綿含有けい酸カルシウム板第1種	1960~2004
			石綿含有スレートボード・フレキシブル板	1952~2004
			石綿含有スレート波板・大波	1931~2004
			石綿含有スレート波板・小波	1918~2004
			石綿含有スレート波板・その他	1930~2004
		屋根材	石綿含有住宅屋根用化粧スレート	1961~2004
			石綿含有ルーフィング	1937~1987
		煙突材	石綿セメント円筒	1937~2004
		設備配管	石綿セメント管	~1985
		建築壁部材	石綿発泡体	1973~2001

アスベスト含有建材と製造時期

	石綿障害予防規制区分	種類（施工部位）	建材の種類	製造時期
廃石綿等	吹付け材	吹付け材	吹付け石綿	1956~1975
			石綿含有吹付けロックウール	1961~1987
			湿式石綿含有吹付け材	1970~1989
			石綿含有吹付けバーミキュライト	~1988
			石綿含有吹付けパーライト	~1989
	保温材・耐火被覆材・断熱材	保温材	石綿含有けいそう土保温材	~1980
			石綿含有けい酸カルシウム保温材	~1980
			石綿含有バーミキュライト保温材	~1980
			石綿含有パーライト保温材	~1980
			石綿保温材	~1980
		耐火被覆材	石綿含有けい酸カルシウム板第2種	1963~1997
			石綿含有耐火被覆板	1966~1983
		断熱材	屋根用折板石綿断熱材	~1989
			煙突用石綿断熱材	~2004
石綿含有産業廃棄物	その他アスベスト含有建材（成形板等）	内装材（壁、天井）	石綿含有スレートボード・フレキシブル板	1952~2004
			石綿含有スレートボード・平板	1931~2004
			石綿含有スレートボード・軟質板	1936~2004
			石綿含有スレートボード・軟質フレキシブル板	1971~2004
			石綿含有スレートボード・その他	1953~2004
			石綿含有スラグせっこう板	1978~2003
			石綿含有パルプセメント板	1958~2004
			石綿含有けい酸カルシウム板第1種	1960~2004
			石綿含有ロックウール吸音天井板	1961~1987

出典：「目で見るアスベスト建材（第２版）」（国土交通省）

アスベスト含有建材の使用部位例

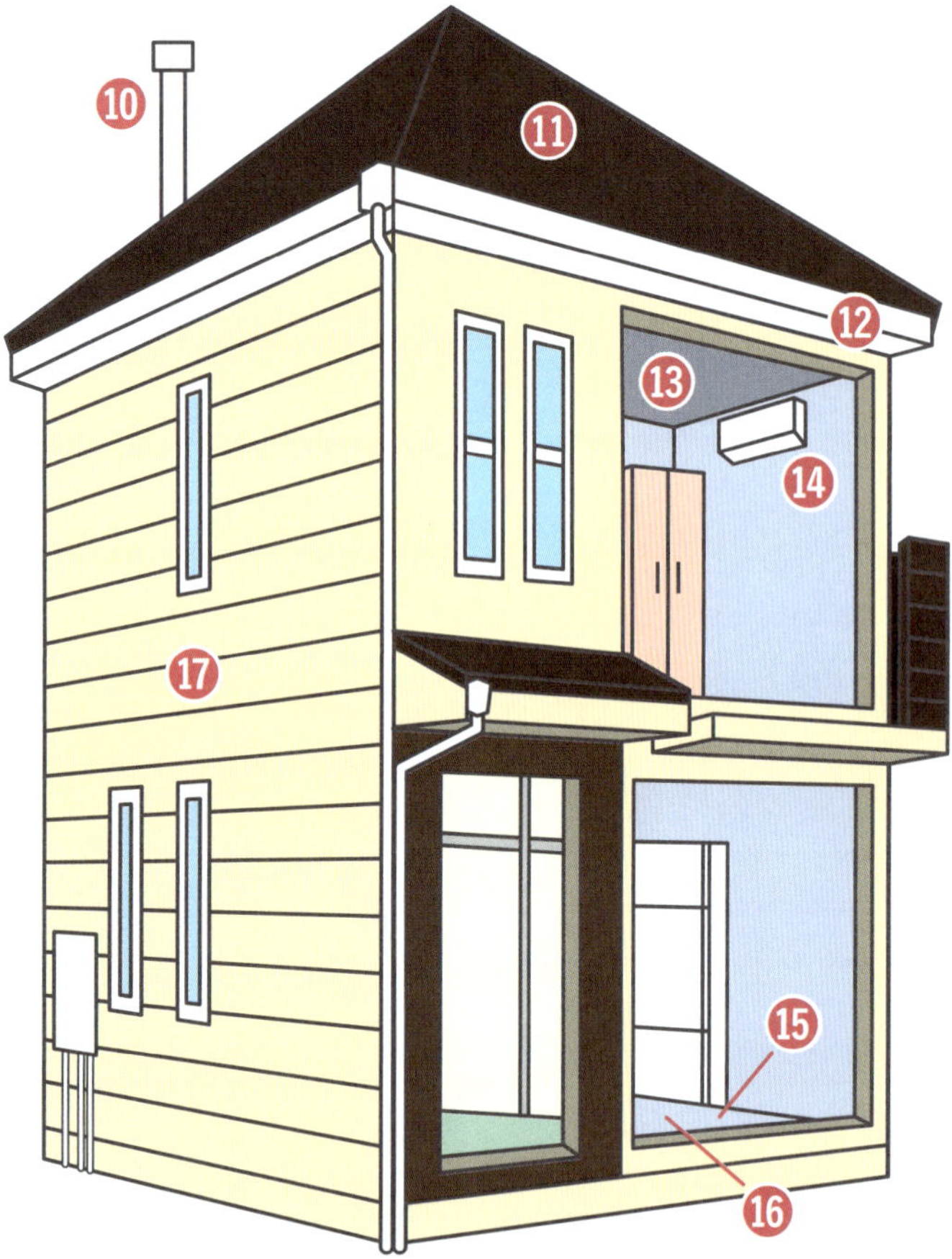

⑩セメント円筒
⑪住宅化粧用スレート
⑫けい酸カルシウム板第１種
⑬石膏ボード
⑭ガスケット・パッキン
⑮ビニル床タイル
⑯ビニル床シート
⑰窯業系サイディング

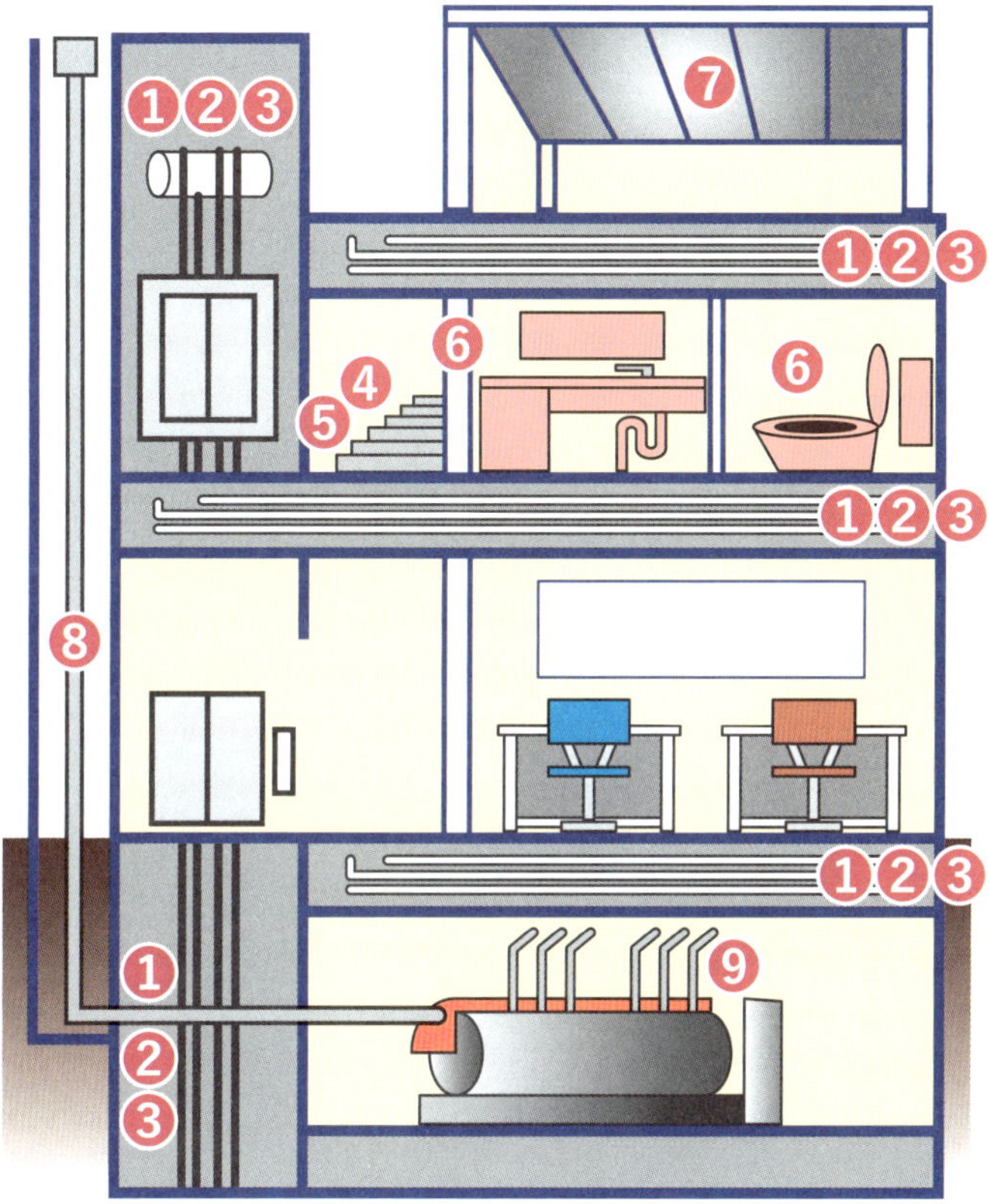

❶吹付け石綿
❷石綿含有吹付けロックウール（乾式・半湿式）
❸石綿含有吹付けロックウール（湿式）
❹石綿含有吹付けパーライト
❺石綿含有吹付けバーミキュライト（ひる石）
❻石綿含有けい酸カルシウム板第2種
❼屋根用折板石綿断熱材
❽煙突用石綿断熱材
❾石綿・けいそう土・パーライト・石綿けい酸カルシウム等各種保温材

※「目で見るアスベスト建材（第２版）」（国土交通省）を加工して作成

最も注意と対策を要する「レベル1」

粉じんが発生する度合いが著しく高い作業は「レベル1」に分類されています。具体的には、アスベストを含む「吹付け材」の除去や封じ込め、囲い込み作業を指します。レベル1の作業に該当する建材の種類は、P126－127の表で言うと「吹付け石綿」「石綿含有吹付けロックウール」「湿式石綿含有吹付け材」「石綿含有吹付けバーミキュライト」「石綿含有吹付けパーライト」の5種類の吹付け材です。

これらの吹付け材は、鉄骨や梁などの構造体が火事等ですぐに燃えてしまわないように、耐火被覆材として多く使用されていました。また、天井の断熱材、機械室の吸音材などとして使用されている場合もあります。P132に掲載した吹付け材の写真のように、鉄骨などに直接綿状のものが吹付けられた、モコモコとした外観のものが典型的な例です。ただし、こうした見た目のものでもアスベストを含むものとそうではないものがあります。経験を重ねた調査者であれば、ある程度の見分けがつきますが、そうでない人が見た目だけで判断するのは危険です。いずれにせよ、書類などで確認するか、検査によってアスベストが含まれるかどうかを確認する必要があります。また、「石綿含有吹付けバーミキュライト」「石綿含有吹付けパーライト」は、天井や梁などの内装材に使用されている場合が多いです。

吹付け材は、いずれもアスベストが外部に露出する状態になっており、飛散性が著しく高いため「レベル1」に分類されています。見た目では粉じんが舞っているようには見えなくとも、周囲の空気のなかには、目には見えない微小なアスベストの繊維が浮遊している可能性があります。むやみに近づくのは避けたほうが良いでしょう。作業に当たる際には厳重な曝露対策が必要になります。

吹付け材（梁）

吹付け材（柱）

レベル1の次に危険な「レベル2」

その次の「レベル2」は、レベル1ほどではないものの、粉じんの発生度合いが高い作業になるものが分類されます。石綿則の区分では「保温材・耐火被覆材・断熱材」がこれにあたります。

このレベル2の建材は、P126−127の表の通り、さらに3種類に分けられます。一つめは「保温材」で、「石綿含有けいそう土保温材」「石綿含有けい酸カルシウム保温材」「石綿含有バーミキュライト保温材」「石綿含有パーライト保温材」「石綿保温材」がこれに該当します。

これらは、配管のL字の曲がり（エルボ）部分や、T字の接手（チーズ）部分などに多く使われていました。曲がりのある部分は、配管を流れる中身がそこに当たって熱が逃げやすくなります。その保温と保護のためにこれらの建材で覆っているわけですが、熱の影響で劣化が進みやすく、時間が経っているものではボロボロと崩れかけている場合もあります。これらの「保温材」が、レベル2の建材の多くを占めています。

レベル2の建材を3つに分けた場合の2つめが、「耐火被覆材」です。「石綿含有けい酸カルシウム板第2種」と、「石綿含有耐火被覆板」がこれにあたります。特に「石綿含有けい酸カルシウム板第2種」は、梁や柱を囲ったり、配管などを通すパイプシャフトに通じる開口部を覆ったりして、耐火性を持たせるためによく使われていました。P136に掲載した写真は、一見、鉄筋コンクリートの梁のように見えますが、梁を覆っているのが「石綿含有けい酸カルシウム板第2種」です。

レベル2の建材の3つめの分類が「断熱材」で、その中に含まれるものとして「屋根用折板石綿断熱材」があります。駅のプラットホームや倉庫の屋根にギザギザ状に波を打っている鋼板が使われている場合がありますが、その鋼板の裏側に断熱材として使用されているものです。そしてもう一つは「煙突用石綿断熱材」があります。これはコンクリート製の煙突の内側に打ち込まれた断熱材で、飛散性の高いアモサイトを高い含有率で含む場合があります。ただし、この二つは同じ断熱材に分類されてはいますが、用途も処理方法もまったく異なる点に注意が必要です。

これらレベル2の建材を除去、囲い込みなどを行う場合には、レベ

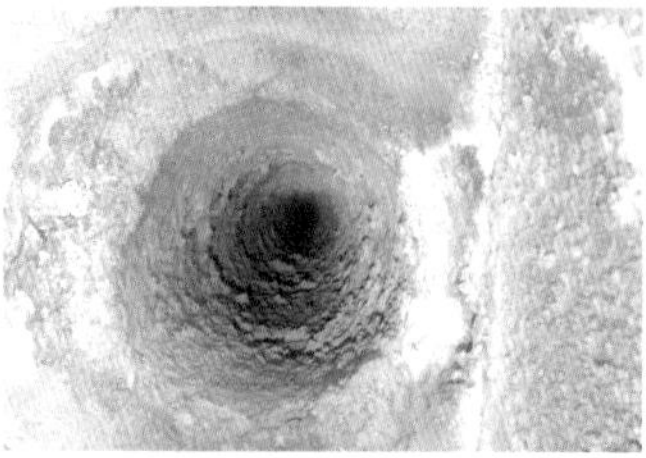
断熱材（煙突）

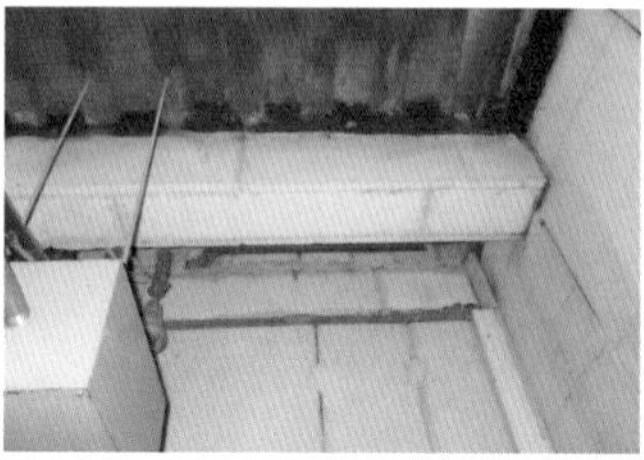
耐火被覆材（梁）

保温材（配管）

断熱材（屋根）

ル1に準じて高いレベルの曝露防止策が必要になります。

たくさんの建材が該当する「レベル3」

最後に、「レベル3」に分類されるのは、粉じんを発生させる度合いが比較的低い作業を伴うものです。石綿障害予防規則（石綿則）の区分では、「その他アスベスト含有建材（成形板等）」に分類されるもので、内装材や耐火間仕切り、床材、外装材や屋根材など、レベル1、2以外の建材が該当します。数が多くありますから、アスベストを含む建材のおおよそ9割がこのレベル3

のものであると考えられています。Ｐ１２８の「アスベスト含有建材の使用部位例」を見ても、戸建て住宅に使用されるものの例で挙がっているのはこのレベル３の建材です。ＲＣ・Ｓ造の場合でも、室内で使用されている建材はほとんどがレベル３になります。

壁、天井などの内装材をはじめ、意外なものだと、壁紙やふすま、キッチンやトイレなどでよく使われているビニル床タイル、ビニル床シートにもアスベストが含まれている場合があります（Ｐ１４０写真）。

それだけ身近にあるものですから、危険性が気になるところですが、レベル３の建材は成形板などの内部にアスベストが封じ込められた状態であるため、そのままでアスベストが空気中に飛散する可能性はほとんどありません。もちろん、破壊、切断、あるいは劣化などで内部が露出すれば、そこからアスベストが飛散する可能性がありますから、油断は禁物です。

このレベル3の建材の除去作業などを行う際は、アスベストを含む粉じんの飛散を防ぐために、湿式工法を原則として、粉じんのレベルに応じた防じんマスクを使用し、保護衣、作業衣を適切に使用して

屋根材

外装材（スレートボード）

屋根材（スレート）

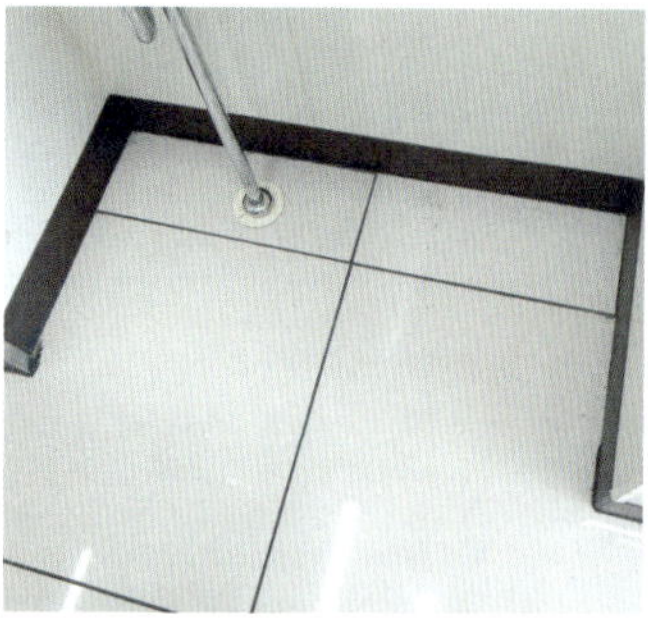

ビニル床タイル

押出成形セメント板

ロックウール吸音天井板

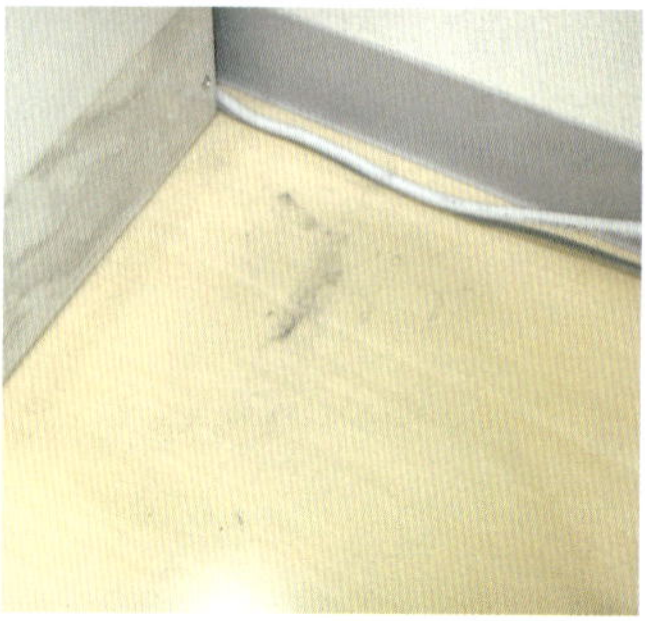

ビニル床シート

スレートボード・フレキシブル板

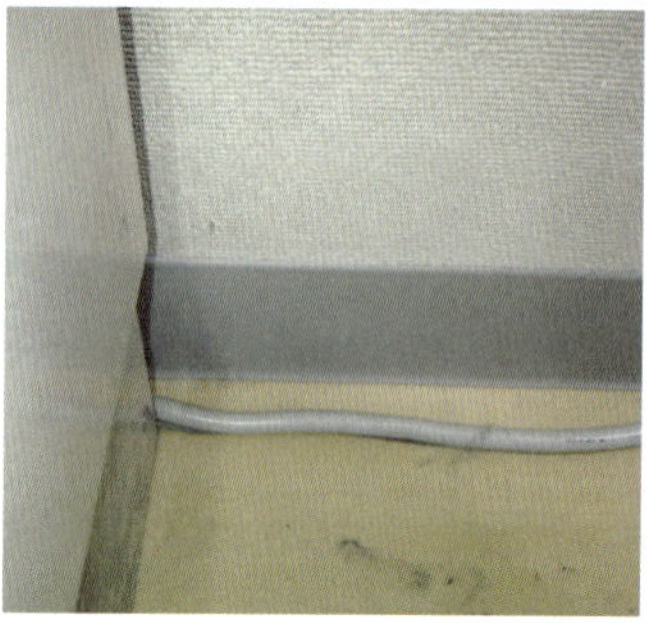

ソフト巾木

行う必要があります。

このレベル1～3の各レベルによって、必要な実施事項が石綿障害予防規則（石綿則）で定められています。それをまとめたチャートをP142に掲載します。

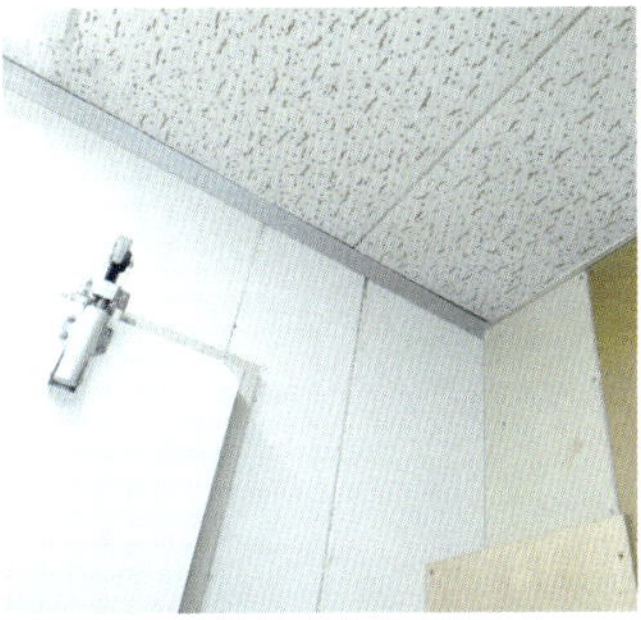
化粧せっこうボード

けい酸カルシウム板第1種

せっこうボード（白塗装）

壁紙（クロス）

改正後の規制（改正石綿障害予防規則）

※下線部が令和2年7月公布の改正省令による改正事項

石綿飛散の危険性

高 ←→ 低

レベル1建材

レベル2建材

けい酸カルシウム板第1種（破砕時）
仕上塗材（電動工具での除去時）

レベル3建材

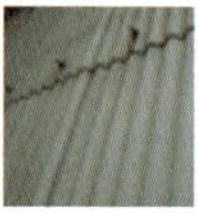

▼（レベル1建材・レベル2建材）

計画届の提出
*14日前まで
（レベル2まで拡大）

▼

事前調査結果等の報告（一定規模以上の工事が対象）

▼

■事前調査の実施
*調査方法を明確化　*資格者による調査
調査結果の3年保存、現場への備え付け

■作業計画の作成
作業計画に基づく作業状況などの写真などによる記録・3年保存

■掲示
■作業時に建材を湿潤な状態にする
■マスク等の使用
■作業主任者の選任
■作業者に対する特別教育の実施
■健康診断の実施

▼（レベル1建材・レベル2建材）

■作業場所を隔離し、負圧を維持
■集じん・排気装置の初回時・変更時の点検
■作業前・作業中断時の負圧点検
■隔離解除前の取り残し確認

▼（けい酸カルシウム板第1種・仕上塗材）

作業場所の隔離

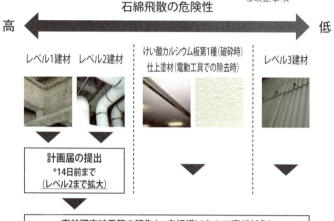

すべての工事に事前調査が必要であることは既にお伝えした通りですが、レベル1、2の場合は、それに先立って計画届の提出が必要になります。作業中は、作業場所の隔離と、アスベストを含む空気が外部に漏れないために負圧を維持する必要があります。また、集じん・排気装置の初回時と、設置場所など何らかの変更を加えた際には点検を行うことが義務付けられていま す。また、作業前や作業を中断した場合にも負圧が維持されているか点検する必要があります。そして、除去作業の終了後隔離を解く前に、有資格者が、取り残しがないかを目視で確認することも定められています。

レベル3の建材の作業では、隔離や負圧などは定められていませんが、例外があります。アスベストを含むスレートや板、タイル、シートなどを除去する際は、技術上困難な場合を除いて、切断や破砕などを行わない方法での除去が求められています。特に「石綿含有けい酸カルシウム板第1種」は飛散性が高いため、やむを得ず切断、破砕などをする場合には作業場所の隔離を行う必要があります。アスベストを含む仕上げ塗材を除去する場合も、法令等に基づく適切な方法で作業を行う必要があります。ただし、仕上げ塗材の除去方法は、技術の進展やそれに基づくルールの見直しなどによって変更される場合があります。厚生労働省、環境省が発行している「建築物等の解体等に係る石綿ばく露防止及び石綿飛散漏えい防止対策徹底マニュアル」(https://www.env.go.jp/air/asbestos/post_71.html) がインターネットで公開されていますので、こちらで最新情報を確認するようにしてください。

限られた時間のなかで作業に当たらなくてはならない建設関係者の方々は、これらの規制を負担に感じることがあるかもしれません。しかし、このように規制を強化しなければならないのは、アスベストが環境と健康に与える影響がそれくらい大きいからだと改めてご理解いただきたいと思います。

これらの規制は、ほかでもない、作業に当たる方々の健康を守るためのものでもあります。アスベストに関わる工事関係者の方々は、そのことを胸においていただき、安全な作業を心がけていただきたいと思います。

COLUMN④

アスベスト規制のこれから

これまで、アスベストに関する規制は年を経るごとに整備・強化されてきました。こうした流れについて、負担に感じておられる方もいるかもしれませんが、現場に携わる人たちの健康を守るためでもあります。ルールの整備が進み、より安全で安心できる形でアスベストに対応できるようになることは基本的に良いことですし、また、必要なことだと私は考えています。

この本を書いている2024（令和6）年10月時点で、最も新しいルール上の変化は、P49～でも説明した「工作物石綿事前調査者」という資格の創設で、2026（令和8）年1月1日から有資格者による事前調査の義務化が予定されています。

これは、ボイラー設備や配管設備、焼却設備、発電設備など、独立して機能する「工作物」について、建築物とは別に、アスベスト調査を行う専門の資格を定めるものです。私もこの7月に講習と試験を受けましたが、それなりの知識と現場経験がなければ合格できないと思われる内容でした。工作物に該当する各設備の工事は、それぞれの専門の人たちが行うケースが多いですから、そうした専門家たちの資格取得も想定したものと思います。

これまで工作物のアスベスト調査については、あいまいな状態になっている部分がありましたから、専門の資格が整備され、よりしっかりとした調査が進むことはとても良いことだと感じています。

ルールの整備はこれで終わりというわけではなく、今後もなんらかの形で規制の強化が進んでいくでしょう。たとえば英国では、事前調査はもちろん、アスベストの除去の際に、アスベストの専門家が監視役として現場をチェックする体制が敷かれていると聞きます。除去の様子がビニル窓から確認できたり、カメラでモニタリングしたりとより厳しく作業を確認するルールになっているそうです。英国は日本よりも約20年早くアスベスト問題に直面し、ルールを整備してきた国ですから、いずれ日本でも、アスベスト除去の際に監督者を置く形になる可能性があると思います。

実は私自身は、既にそうした役割を実践しています。企業や自治体からの依頼で、既に行われたアスベスト調査について再チェックを行うこともありますし、除去会社の方に、より安全な除去手順についてアドバイスをすることもあります。この役割を担える人はまだ多くはありませんから、人材の育成が急務です。自分自身が一層の研鑽を重ねつつ、「アスベストのプロ」と言える人材をどんどん増やしていきたいと考えています。

日本でアスベストの問題がゼロになるには、早くともあと20年はかかると言われています。その時が少しでも早く訪れることを目指して、これからも日々努力を重ねていきたいと思っています。

第五章

都分析の軌跡

私とアスベスト分析との関わり

私は、日本で唯一の化学の専門学校である日本分析化学専門学校を卒業し、父親が経営する株式会社サン・テクノスに入社しました。株式会社サン・テクノスは、アスベストに限らず、大気中の有害物質の測定や、工場の排水や飲料水の水質分析、河川や湖沼の水質分析や環境アセスメント、土壌分析や悪臭物質測定、騒音・振動測定など、広く環境に関する測定・分析を専門にしている会社です。実は入社以前にもアルバイトで分析業務を手伝っていましたから、私のアスベストとの関わりは、もう20年以上に及ぶことになります。

父親の会社に入社したわけですから、最初は「親の七光り」と思われていた面もあったと思います。実際、会社にたくさんいる分析のプロたちに比べて知識も経験も足りないことは明白でしたから、一日でも早く追いつこうと必死に勉強し、現場で経験を積みました。その結果、毎年のように化学分析に関する資格を取得し、名刺にたくさんの資格名が並ぶようになりました。この時期に身につけたベースの知識と経験と、それらを最新の情報にアップデートする姿勢は、今の自分の仕事の基礎になっていると感じます。

ただ当時は、今よりもアスベストに対する危険性の認識が低かったこともあり、測定結果を受け入れてもらうのに苦労する場合もありました。「現場の空気から高濃度のアスベストが検出されたら、工事を止めなくてはならなくなるじゃないか」というわけです。工事を担当する方々は、決められた工期で仕事を行わなくてはなりませんから、そうした声が出るのも無理からぬことではあります。時には「キミの測定の仕方がおかしいんじゃないか」といった厳しい言われ方をすることもありました。

しかしだからといって、測定結果を曲げたり、なしにしてしまったりすることはできません。現場の方々の意見や立場に理解を示しながら、測定結果に納得してもらい、それに基づく行動を取ってもらえるように、根気強く対話を重ねました。法律で決められたことは守らなくてはならないのは当然ですが、「ルールだから」と杓子定規に伝えるだけでは、人は動きません。結果をなかなか受け入れてもらえない人に対しては、現場に位相差顕微鏡を持ち込んで、空気中に浮遊しているアスベストを採取して、その目で直接顕微鏡を覗いてもらったこともあります。そうした試行錯誤を重ねながら、アスベスト調査とそれに基づく対策の重要性を訴えてきました。その姿勢は現在でも変わっていません。

業界のブームを経て会社設立へ

2005(平成17)年、某メーカーの工場に関わるアスベスト問題が世間でも大きなニュースになったことは既にお伝えしました。その直後に石綿障害予防規則(石綿則)が制定され、アスベスト対策がより重視されるようになりました。アスベスト除去を手掛ける会社も多くなり、ブームと言えるくらいの活況を呈しました。ただし、後述するように、安全管理、衛生管理に問題があり、現場の作業員の健康に悪影響を及ぼすケースもあったと私は考えています。

次に再びアスベストに関わる業界が活況を帯びたのは、２０１２（平成24）年頃です。それまでは問題に上がっていなかった外壁の仕上げ材や下地調整材のなかにアスベストが含まれている場合があることがわかったのです。除去の必要がある場所が新たにわかったことで、アスベスト除去のニーズが新たに増えて、除去を手掛ける会社も再び増えることになりました。

その当時、外壁材の除去は、溶剤を塗って剥がせる状態まで柔らかくしてから器具でこそげ取っていく、いわゆるケレン剥離を行っていました。しかし、アスベストの飛散を防ぐために隔離した空間で、揮発性のある溶剤を用いるのは危険を伴う作業です。空気を循環させても、場所によって揮発したガスが溜まってしまい、そのガスを吸い込んだ作業員が気を失って倒れる、といったアクシデントが度々発生しました。

その後、強力な水圧ガンで外壁材を削り取る高圧水洗工法が導入されましたが、1箇所に圧力を集中させ過ぎて壁に穴が開いたり、ガンの操作を誤ったりして大怪我をする、といった事故が相次ぎました。現在は、円盤状の装置（セルローター）を壁に密着させて、その中で高水圧をかけて外壁材を削り取るという、より安全な工法が開発されました。ただし、その導入には億単位の設備投資が必要になりますから、それができる資金と、それを適切に使いこなす技術をもった会社が残る形になりました。

そうした紆余曲折もありながら、2013（平成25）年には建築物石綿含有建材調査者制度が創設されました。現在のアスベストの調査制度のベースとなる仕組みがこのとき整備され、2018（平成30）年には、国土交通省、環境省、厚生労働省が三省合同で建築物石綿含有建材調査者講習等登録規程を定めました。関係する省庁が協力して調査者の育成により力を入れはじめたわけで、国としてもそれだけ危機感を覚えている証拠だと私は感じました。

そのころから私は、アスベストの調査・分析に特化した会社をつくりたいと思うようになりました。専門会社をつくることで、この問題により真摯に向き合って、世の中に役立つ情報発信にも力を入れていきたい、という思いが芽生えてきたのです。2020（令和2）年6月には、大気汚染防止法の一部が改正され、現在の調査制度の整備が進みました。この改正の施行が2021（令和3）年の4月からと定められたため、その一年前に会社を設立する予定でしたが、新型コロナウイルスの混乱があったため、2020（令和2）年11月に株式会社都分析を設立したのです。

目の当たりにした健康被害

私がアスベストの調査・分析の仕事に熱意を持って取り組んでいるのは、これまでの仕事のなかで、アスベストの健康への影響を目の当たりにしてきたことも大きな理由です。

アスベストに対する危機意識がまだまだ低かった頃は、マスクなどの防護対策が不十分であったり、隔離や負圧などの処置も十分でなかったりするケースが事実としてありました。そうした現場で働いていた方々のなかには、30代や40代の若さで亡くなった方もいます。

私は医師ではありませんから、原因がアスベストにあるという明確な証拠を持っているわけではありません。工事の仕事は肉体にかかる負荷が大きいものですし、ヘビースモーカーの方も多かったですから、そうした影響もあったのかもしれません。

しかし、「息苦しくてかなわん」と、解体現場でアスベスト対応のマスクをつけずに作業をしていた方が、数年ほどして「なんだか肺が痛い」と言って咳を繰り返すようになり、その数年後に亡くなった、ということがありました。また、夏の暑い時期の休憩時間に、扇風機みたいで涼しいからと、集じん・排気装置の排気口の風に当たって涼んでいる作業員の方がいました。通常であればＨＥＰＡフィルターを通して、飛散しているアスベストを吸着させてから排気するので空気はきれいになっているのですが、測定してみると通常は限りなく0に近い数字が、高い濃度でアスベストが検出されました。フィルターが目詰まりを起こしたり、集じん・排気装置の整備不良による接合間からのアスベスト侵入を許してしまったりしたためと考えられますから、すぐに点検しましょうと進言したのですが、面倒だからとなかなか取り合ってくれません。その方はそのまま集じん・排気装置から出る風に当たって涼むということとを繰り返していたのですが、その後、40代前半の若さで亡くなってしまいました。

こうした例を私はこの目で見てきましたので、アスベストの影響がまったくなかったと考えることはできません。亡くなった方々のなかには現場で親しく言葉を交わしてきた人も少なくありませんから、なおのことです。それを思い返すたびに、アスベストの調査・分析の仕事をしっかりと行う責任と、それを現場の方々に真摯に伝えることの重要性を改めて感じます。

国に提言したいこと

アスベストに関する規制が厳密になり、より安全、確実なやり方でアスベストに向き合っていく体制が整ってきたことはとても意義のあることだと思います。しかし、ルールが厳しくなり、必要な手順や作業が増えれば当然コストも上がります。すると、その必要な手順や作業をおざなりにすることで費用を抑えたり、利益を得ようとしたりする人たちも出てきます。解体工事であれば、作業が終わってしまえば何も残りませんから、規制破りが起こりやすいことも事実です。

もちろん、ルール違反はあってはならないことですし、それに対して罰則を強化することも大事だとは思います。しかしそれと同時に、ルールを守ることを後押しする仕組みも必要だと感じています。

たとえば、アスベストの調査について、国が創設した補助金制度があるのですが、対象となるのは、レベル1の吹付け材が使われている恐れがある場合のみ。しかも補助される金額は原則として一棟につき25万円です。何十戸もあるマンションでも、大きなオフィスビルでも一棟でこの金額ですから、しっかりとした調査を促すインセンティブとしては金額が低すぎると言わざるを得ません。それで「費用がもったいないからやったことにしておこう」と考える人が出てきて、ルールが守られないのであれば、規制を整えた意味がなくなってしまいます。やはり、規制の強化と併せて、その実行を促すための補助金の拡充が必要だと思います。

このことについて、国土交通省や労働局に直接話をしに行ったこともあるのですが、国の制度はそう簡単に変えられるものではなく、まだ実現には至っていません。諦めず、引き続き多方面から働きかけていきますが、この本を読んだ方々にもそうした問題があることをご理解いただきたいです。そして、もしアンケートやヒアリングそしてパブリックコメントなどで国や自治体に意見を伝える機会があったら、アスベストに関わるみなさん自身の仕事をより安全なものにするために、ぜひ現場の意見を伝えていただきたいと思います。

信念を持った仕事が明るい未来をつくる

私は現在まで、アスベストに関わる資格を5つ取得しています。なかでも、一般社団法人建築物石綿含有建材調査者協会（ASA）が認定する「ASA認定建築物石綿含有建材調査者」の資格は、2024（令和6）年の8月時点で、全国でまだ10名しか認定されていません。

資格は、取ったら終わりというものではもちろんありません。そこで得た知識や技術をもとに、現場での経験と最新知識へのアップデートを重ねて、「自分はアスベストのプロである」と自信を持って言える状態にしておくことが大切だと考えています。そのために、各資格の更新講習はもちろん、ＡＳＡを通じてアスベストに関する最新の研究成果についての知見を得たり、研究者の方々と意見交換をしたりすることもあります。

また、資格更新の際に試験官として評価する「採点者」の役割を務めたり、企業からの依頼でアスベストに関するセミナーを行ったりすることもあります。ほかにも、アスベスト調査で問題が起きた企業の相談や解決に協力を求められることもあります。そして、大規模な問題でＡＳＡが調査に乗り出した際にはそのメンバーに加わる、といったことも行いました。こうしたこともすべて自らの研鑽につながっていると感じています。

アスベストの調査や分析の仕事は「〝儲かるからやる〟というビジネスではない」というのが私の信念です。目には見えないけれど、そのままでは確実に害を及ぼすものの存在を突き止めて、その危険性を周知して、適切な対処、行動を促していく。個人と社会の健康と安全を守るための使命のある仕事だと私は感じています。

そしてそれは、この本の読者の方々も一緒です。アスベストに関わる方々が信念と誇りをもって仕事に取り組むことで、この問題は解決に向けて確実に前進していきます。そうしたみなさん一人ひとりの行動が、私たちの世代でこの問題を解決し、今の子どもたちやその次の世代を守ることにつながるのです。

アスベストのＱ＆Ａ

Q1　アスベストを吸い込むとどのような病気になるのか、もう少し詳しく教えてください。

A1

アスベストの繊維によって引き起こされる疾患として、①石綿肺（アスベスト肺）、②肺がん、③悪性中皮腫の3つが知られています。

①の石綿肺（アスベスト肺）は、粉じんなどを吸い込むことで肺が線維化してしまう「じん肺」の一種です。仕事でアスベストを含む粉じんを10年以上吸入した労働者が発症するとされています。潜伏期間は15～20年とも言われており、アスベストの吸引がなくなってからも病気が進行することがあるといいます。

②の肺がんは、アスベストとの関係がまだ詳しくは解明されていませんが、肺の中に入ったアスベスト繊維が、発がん性物質を吸着し、がんの発症が進んでしまう、という説が唱えられています。また、アスベストとは別に喫煙の影響も考えられます。アスベストに曝露してから15〜40年の間に発症すると言われ、曝露した量が多いほど、肺がんの発症率も高いとされています。

③の悪性中皮腫とは、肺周辺の胸膜や臓器を囲む腹膜、心臓などを覆う心膜などにできる悪性の腫瘍のことです。若い年齢でアスベストを吸い込むとより危険性が高いと言われています。曝露から発症までに20〜50年というより長い期間があるため、これからさらに発症する人が増えることが憂慮されています。

Q2 アスベスト＝石綿のほかに、ロックウールやグラスウールといった建材がありますが、これらはどう違うのでしょうか？　害のあるものではないのでしょうか？

A2

アスベスト（石綿）は、岩石が自然の熱や圧力で繊維状に結晶した自然の鉱物です。それに対して、ロックウールとグラスウールは、工場で製造した人工的な繊維である、という違いがあります。グラスウールは、その名の通りガラスが原料で、ロックウールの場合は岩石が原料です。ともに、アスベストに置き換わる形で建材に多く使用されていますが、いずれもガラス質で、結晶構造のアスベストとは異なります。また、アスベストに比べて酸に弱く、仮に人体に入った場合でも溶けて排出されると言われています。

Q3　アスベストの分析を頼みたいのですが、どこにお願いしても変わらないのでしょうか。

A3

アスベストの分析を行うには、関係する団体の試験に合格するか、必要な講習を受けていることが必要です（P37）。ただ、その要件を満たしていればどこに頼んでも同じ、というわけではなく、分析者によって精度に差が出る場合もあります。経験も重要な要素ですから、一般論として、アスベスト分析を多く手掛けている会社はより精度の高い分析ができる可能性が高いと思います。ちなみに、（公益社団法人）日本作業環境測定協会では、アスベストの分析技術、分析精度について試験を行い、技術者を「A～C」のランクで評価しています。

私の場合は、建材のアスベストの含有分析と、空気中のアスベスト濃度の分析に属する項目でAランクを取得しています。より精度の高い調査を求める場合は、こうしたデータも参考にしながら、依頼先を選定するのが良いと思います。

Q4　店舗やアパートなどの不動産を所有しています。調査をして、もしアスベストを含む建材が使用されているとわかったら、物件の価値が下がるのではないかと心配しています。

A4

アスベストを含む建材が使用されているとわかった場合、物件の資産価値にとっては確かにマイナスになる可能性が高いと言えます。具体的には、不動産取引の際に、アスベストを含む建材の除去にかかる費用をその物件の価値から減額する、という処置が取られることになります。しかし、「アスベスト含有建材の有無が不明」という状態のままにしておいたとしても、取引の際に調査を求められるか、年代などから含有建材があるものとみなされて、より厳しい減額を求められることになるでしょう。資産により大きなマイナスになる可能性があり、「調査をしないでおく」という選択は賢明とは言えないのです。

何より、店舗やアパートを利用している人たちがいるのであれば、その人たちの健康と安全を守る意味でも、早急に調査、対応すべきです。この点を疎かにすれば、物件の価値を大きく損なうことになりかねません。アスベストのリスクは、先送りすればするほど大きなものになることを改めてご理解いただきたいと思います。

また、将来的にその建物を改修・解体することになった場合には、それ以前に行ったアスベスト調査の結果を生かすことができますから、アスベスト調査は将来に対する前向きな備えと考えることもできます。

Q5　自宅一戸建の壁や屋根に使われている成形板にアスベストが含まれているとわかりました。除去しないと違法になるのでしょうか。また健康に害が出る可能性はあるのでしょうか。

A5

建築基準法で除去が求められているのは、「吹付けアスベスト」と「アスベスト含有吹付けロックウール」です。この2種が使用されていなければ、除去しなくても違法にはなりません。また、外装材や屋根材、内装材にアスベストが含まれる場合でも、成形板などの状態がしっかりと保たれていれば、アスベストが飛散する可能性はほとんどないと言っていいと思います。健康への害を過剰に心配する必要はないでしょう。ただし、日曜大工などでアスベストを含む建材を切断したり穴を開けたりすれば、そこからアスベストが飛散する可能性がありますから、注意が必要です。

Q6　電気工事の仕事をしていますが、吹付け石綿がある部屋で作業するケースがあります。触らなければ、特に防護は必要ないでしょうか？

A6

石綿障害予防規則（石綿則）では、「事業者は、その労働者を臨時に就業させる建築物若しくは船舶又は当該建築物若しくは船舶に設置された工作物（第五項に規定するものを除く。）に吹き付けられた石綿等又は張り付けられた石綿含有保温材等が損傷、劣化等により石綿等の粉じんを発散させ、及び労働者がその粉じんに曝露するおそれがあるときは、労働者に呼吸用保護具及び作業衣又は保護衣を使用させなければならない。」と定められています。触らなければ大丈夫かというと「劣化等により石綿等の粉じんを発散させ」とあるように、年数を経た吹付け石綿は、目に見えなくとも飛散している可能性が高いと思われます。封じ込めなどの処理がなされていないのであれば、防護が必要です。

ただし、アスベストの繊維は非常に細かいため、市販のマスクなどでは防ぐことはできません。アスベスト用の呼吸用保護具と作業衣などの着用が必要です。具体的にどのようなマスクや保護衣が必要かは、作業の飛散レベルによって異なりますので、労働基準監督署に相談してみるとよいでしょう。

Q7　古い建物にはアスベストが使われていると聞きますが、どれくらいの古さの建物のことでしょうか。

A7

日本でアスベストが建材に盛んに使われるようになったのは、昭和30年代以降です。それ以前の、たとえば戦前の建物であれば、使われている可能性は高くないと考えますが、その場合でも、改修などの際にアスベストを使用した建材が使われている可能性はあります。建物の古さだけで判断することはできませんので、詳しくは調査をすることをおすすめします。

Q8　解体工事ではなく、リフォームの場合でもアスベストの事前調査は必要でしょうか。また、DIYの場合は？

A8

解体ではなく、リフォームであっても工事を行うのであればアスベストの事前調査は必要です。規模の大小も関係がありません。「小さなリフォーム工事くらいだったら調査しなくても大丈夫では」「調査会社から断られるかもしれない」と考える方もいらっしゃるかもしれませんが、そんなことはありません。法律を無視すれば、何か問題が起きた際にその責任を問われることは言うまでもありません。また、弊社では、20㎡程度の部屋のクロスの張り替え工事でもアスベストの事前調査を行っています。規模が小さくて仕事にならないから、などといった理由で断ることはありません。

個人が行うＤＩＹの場合は、「自主施工者」という扱いになり、たとえば家具を固定するために天井や床、壁に穴を開けるなど、「排出・飛散する粉じんの量が著しく少ない軽微な工事のみを実施する場合」は、アスベストの事前調査は必ずしも必要ない、とされています。しかし、「ＤＩＹ＝事前調査不要」と誤解してはいけません。壁に大きな穴を開けたり、建材の切断などを伴ったりするものであれば、上記の「軽微な工事」には当てはまらないことになります。不安がある場合は調査会社に相談してみることをおすすめします。

ＤＩＹはとても良い趣味であると思いますが、アスベストに無知・無関心で行えば、将来の健康に深刻な影響を及ぼす可能性があることをご理解いただきたいと思います。

Q9　もしアスベストの事前調査をしないで工事を行った場合、罰則はあるのでしょうか?

A9

Ｐ30～で説明したように、一定規模以上の工事を行う場合、アスベストの事前調査を行い、含有の有無に関わらず都道府県等に報告しなければいけません。それを怠った場合は報告義務違反となり、「30万円以下の罰金」という罰則が課されます。

また、アスベストの除去や封じ込めなどの工事は、Ｐ124～で説明したレベル1～3に応じて、飛散防止のための隔離や負圧、計画届などの計画書の提出など、作業基準に沿って工事を行うことが必要です。作業基準に沿った工事を行うためには、前提となる事前調査は必須であることは言うまでもありません。もし作業基準を守らなければ、大気汚染防止法の「作業基準適合命令違反」となり、「6月以下の懲役又は50万円以下の罰金」が課されることになります。従来は元請業者と自主施工者が対象でしたが、2021（令和4）年4月の大気汚染防止法の改正により、元請業者から仕事を発注された下請負人も罰則の対象となりました。「下請けだから知らない、わからない」では通らなくなったのです。

コンプライアンスがより重視されるようになった現在、「守るべきルールを破った会社」と取引したいと思う会社はないでしょう。違反をすれば、その罰則の内容以上に経営に深刻なダメージを与えかねません。何より、工事に関わる現場の人たちや周辺の住民の健康に関わる問題です。改めて、アスベストの事前調査と、それを元にした工事を行うことの重要性を認識していただきたいと思います。

福田 賢司（ふくだ・けんじ）

株式会社都分析　代表取締役
1984年生まれ。株式会社サン・テクノスにて、石綿障害予防規則の制定当初より石綿の測定・分析業務に従事。第一種作業環境測定士など、環境関係の国家資格を順次取得。公益社団法人日本作業環境測定協会石綿分析クロスチェック事業に当初より参加。さまざまな現場の調査・測定・分析を行い、研鑽を積む。

「知らなかった」では済まされない！

アスベスト調査の新常識

２０２４年11月20日　第１版発行

著者　福田 賢司
発行者　田中 朋博

発行　株式会社ザメディアジョン
〒733-0011 広島市西区横川町 2-5-15 横川ビルディング
電話 082-503-5035

印刷・製本　株式会社シナノパブリッシングプレス

ISBN 978-4-86250-814-0　C0051